올해의 신사임당
김숙년 선생이 전하는

오늘의 육아

김숙년 지음

엄마의 몸은 아이의 마음이 된다

할머니는 아들 다섯, 딸 다섯, 열 남매를 낳으셨고 어머니는 다섯 남매를 낳으셨다. 나는 딸 둘에 아들 하나, 셋을 낳았다. 자식을 낳아 기르고 보니 열 손가락 깨물어 안 아픈 손가락이 없다는 옛말이 진심으로 가슴에 와 닿는다. 자식 셋이 모두 쉰 살이 넘어 환갑을 바라보는 나이가 되었음에도 어미의 마음은 지금도 예전 그대로이다. 자식을 생각하면 늘 마음 한편이 찡하다. 엄마가 되는 과정이 결코 쉽지 않았음에도 이제는 힘들었던 일보다는 애틋하고 안쓰러운 마음이 남는 것은 당연한 일일까.

그래도 아직 잊을 수 없는 것이 하나 있는데, 첫 아이를 낳던 날의 고통이다. 모든 것이 어설프기만 했던 20대. 서로 다른 집안의 아들딸이 만나 결혼을 하고 금세 임신을 하니 모든 것이 혼란이었다. 대학에서 영양학을 공부한 것은 아무 소용도 없이 새댁인 나의 몸은 여기 저기 아프고 엉망이 되어갔다. 심한 입덧에 물 한 컵 마시면 세

컵을 토해 몸은 멸치 가시처럼 말랐고 신경은 예민해져만 갔다. 아이를 가진 채 만날 찡그리고 있는 신부가 예뻐 보일 리 없는 남편과도 서먹해져 더욱 우울했다.

드디어 첫 아이가 세상에 나왔다. 작고 가냘픈 여자아이였다. 50여 년이 지났어도 나에게 그 아이는 여전히 작고 가냘픈 어린아이다. 예민한 어미에게서 나와서인지 첫째 딸은 마음이 여리다. 젖을 물려도 빠는 것이 신통치 않게, 분유를 먹여도 영 충분히 먹지를 못했다. 아이가 시원하게 빨지 않으니 나의 젖은 퉁퉁 부어 유선염을 앓았다. 어미도 아이도 힘든 날의 연속이었다.

집안의 장녀로 태어나 막내 동생은 동네 젖동냥을 다니며 업어 키웠던 나이건만. 고모들이 줄줄이 데리고 오는 어린 아이들을 할머니와 내가 다 키웠었다. 육아에 대해서라면 자신이 있던 나였다. 그런데 막상 내 아이를 낳고 보니 이건 완전히 다른 세상이었다. 아무것도 모르겠고 마냥 힘들기만 하니 당혹스러웠다.

삼복더위에 아이를 낳아 삼칠일이 채 지나기도 전에 옷을 훌러덩 젖혀놓고 지냈더니 그때 무릎에 바람이 들어 지금까지 고생이다. 참 철이 없기도 했다. 당장 내 기분이 편한 쪽을 택해 스스로 몸 관리를 잘 하지 못했다. 지금 돌이켜보니 어설프고 약하고 못난 엄마가 아니었나 싶다. 큰딸을 보면 지금도 내가 약해서 저 아이가 약하게 태어났구나 하고 미안한 마음 가득하다. 저 아이가 배 속에 있을 때 좀 잘해줄걸, 갓난쟁이였을 때는 이렇게 해줬어야 하는데…… 하는 아쉬움이 항상 남아 있다.

아이를 위해서는 엄마가 건강한 것이 첫째다. 아무리 강조하고 아무리 잔소리처럼 반복해도 지나치지 않을 만큼 중요한 이야기다. 첫째도 둘째도 엄마 스스로 몸을 잘 관리해야 한다. 이것이 엄마의 자격이다.

몸이 건강해야 마음도 건강한 엄마가 될 수 있다. 엄마의 몸과 마음이 건강해야 아이 또한 건강하고 바르게 자라는 법이다. 어미의 바탕이 약하면 강한 아이가 되기 어렵다. 부디 젊은 엄마들도 이 이야기만큼은 꼭 새겨두기를 바란다.

한 가정이 있게 하고 온전하게 완성시키는 것은 여자, 바로 '엄마'다. 엄마가 튼튼하게 잘 서 있어야 가정이 평안하다.

다시 아이 낳는 이야기로 돌아가 이참에 당부 하나 덧붙이려 한다. 아이를 낳고나서 산후조리를 우습게 여겨서는 안 된다는 것이다. 오뉴월에도 찬바람을 쐬면 안 되고 찬 음식이나 너무 뜨거운 음식, 매운 것, 짠 것, 딱딱한 것은 먹지 말아야 한다. 시력도 약해져 있으니 책이나 신문, TV는 멀리하는 것이 좋다. 되도록 누워 있어야지 돌아다니는 것도 좋지 않다. 어른들 잔소리 같지만 모두 이유 있는 이야기다. 아이를 낳고 나면 온몸의 뼈가 느슨하게 늘어나고 근육에 힘도 빠져 있어 심하게 움직이거나 찬바람을 쐬면 영락없이 그 부분에 문제가 생긴다. 나이 들어서도 엄마들이 여기저기 아프고 고생하는 것은 모두 출산 후 조리를 제대로 못해서이다. 잇몸도 마찬가지다. 출산 후에는 잇몸이 들떠 있어서 뜨거운 호박 같은 것을 물면 그 열이

고스란히 전달되어 치아가 약해진다. 내가 시집왔을 때 나의 시어머니는 50을 조금 넘긴 나이였는데 치아가 성한 것이 하나도 없을 정도였다. 그 시절에는 산후조리를 제대로 하기가 더욱 어려웠으니 그랬을 것이다. 또 식사도 신경 써야 한다. 소화가 잘되는 흰살생선으로 튀김이나 조림을 하여 먹고 시금치나물, 새우젓 넣은 달걀찜 등 영양가가 고루 들어 있는 음식을 먹어야 한다. 다시 한 번 강조하지만 엄마의 몸이 첫째이니 스스로 관리에 소홀하지 않아야 한다.

첫째에 이어 연년생으로 둘째를 낳았다. 둘째 때도 입덧이 왔으나 그때부터는 경험이 있는지라 스스로 마음을 단단히 먹고 나부터 튼튼해지려 노력했다. 입덧이 올라오면 부엌에 가서 새우젓이라도 먹어 가라앉히고, 그래도 영 좋지 않으면 산부인과로 달려가 입덧 가라앉히는 주사라도 맞았다. 내가 힘들어 하고 있으면 첫째 딸도 남편도 힘들 것이 분명했기에 더 그랬다. 내가 노력하니 남편도 달라졌다. 둘째를 임신한 동안 나에게 무척 잘해줬던 기억이 있다. 남편 역시 첫째 아이를 가졌을 때의 경험에 비추어 더 능숙해지고 산모를 좀 더 배려하게 되었던 것 같다. 이런 정성으로 멸치가시 같던 내 몸은 뽀얗게 살이 올랐고 덕분에 둘째 딸은 4.4kg의 튼튼한 아이였다. 그 아이는 젖도 잘 빨고 양이 모자라면 분유도 마다하지 않았다. 먹성이 좋아 키울 때도 힘든 줄을 몰랐다. 학교생활도 공부도 스스로 알아서 잘했다.

어미 배 속에 있는 동안이 그만큼 중요한 것임을 둘째를 낳고 알았다. 셋째 때는 이미 강한 엄마가 되어 있었으니 걱정할 것도 특별할 것도 없었다. 첫째 때를 생각하면 저절로 낳고 키웠다는 생각이 들 정도이다.

아이를 낳고 엄마가 되는 것을 두려워할 필요는 없는 것 같다. 자연의 섭리에 따르며 스스로 몸을 건강히 돌보고 마음은 평정심을 유지하도록 노력하는 과정이 엄마 되는 과정이다. 아이가 울면 따라 울며 어쩔 줄 모르는 나약한 엄마가 되지 말기 바란다. 아이는 엄마의 거울이다. 엄마가 아프면 아이도 힘들고, 엄마 마음이 불안하고 흔들리면 아이도 정서적으로 편안할 수가 없다. 조급해하지 말고 두려워하지 말고 행복해져라. 그러면 아이도 밝고 건강하게 자랄 것이다. 엄마라는 이름으로 자신감을 갖기를 다시 한 번 당부한다.

80이 넘어 새로운 책 한 권을 세상에 내놓으려고 하니, 나의 둘째 아버지 일중一中의 말씀이 떠오른다. 둘째아버지는 평소 아랫사람이나 조카에게 "옛것은 버리지 말고 새것은 참작해서 살아갈 때 현명하게 발전하고 자신의 능력을 키울 수 있다"고 종종 이르셨다. 그 말씀을 '참고작금參古酌今'이라는 휘호로 나에게 적어주셔서 우리 집에 소중히 보관하고 있다. 요즘을 사는 동안에도 늘 떠올리게 되는 말씀이다. 요즘 엄마들에게 이 책을 전하면서 내 생각의 가장 앞에 둔 말이기도 하다.

둘째아버지께서는 내가 시집을 가 새살림을 났을 때도 직접 찾아오셔서 '家傳詩禮가전시례'라고 현판을 써주셨다. 작은 마루 대청에

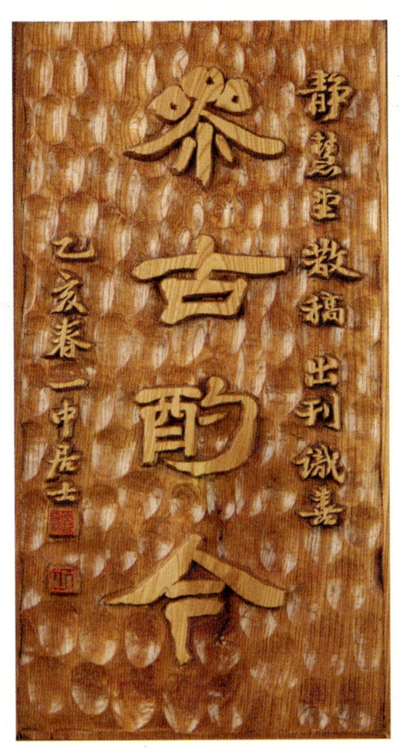

참고작금參古酌今. 옛것을 참고하여 지금의 것을 참작한다.
첫 수필집을 낼 때 둘째아버지인 일중 김충현一中 金忠顯 선생이 써주신 축서다.

걸어놓고 그 뜻을 잊지 않고 살아 왔다. 학교에서 교직생활을 하는 동안은 '온고지신溫故知新'을 생활의 목표로 여겼다. 옛것을 버릴 수 없었던 마음은 평생을 이어오고 있다.

　사람의 삶이란 이런 것인지도 모르겠다. 그 인생 여정은 결코 쉽지 않다. 그러나 다 지나고 보면 그 시절은 모두 추억이 된다. 추억은 아

름답고 행복한 것이다. 그 중에는 미처 생각지 못해 때를 놓쳤거나 노력을 다 기울이지 못해 후회가 남는 일도 물론 있다. 하지만 시간은 이미 흘렀고 안타깝고 애석한 마음만 남게 된다. 나는 젊은 엄마들에게 끝으로 이 말을 남기고 싶다. 되도록 후회할 일을 줄이라고. 부지런히 자신을 돌보고 열심히 하루하루를 살라고. 아이가 있다면 진심으로 애정을 쏟아주라고. 이 책이 부디 그 계기가 되기를 바란다. 늙은이의 이야기가 요즘 엄마들에게 어떨는지 모르겠다. 다만 옛 어른들의 지혜를 물려받아 전하기도 했고, 또 여러 분과 동시대를 살아가고 있는 같은 여자의 말이기도 하니 참고할 만한 것이 있을 것이다.

음식 수다 떨려고 일부러 날을 비워 나를 만나주는 이희란, 김남희, 박영주, 이호영, 이유진의 열정에 감사한다. 그 자리에서의 즐거운 입담이 모여 이 책이 되었다. 장성하여 이제는 할미를 보듬어주는 정환, 윤우, 연주, 주년, 성년, 현수, 현승, 현민에게도 이 이야기를 들려주려 한다. 엄마 걱정 많이 하는 두 딸과 아들이 있으니 이 또한 고맙다.

《오늘의 육아》는 나 혼자의 힘으로 만든 것이 아니다. 나의 할머니로부터, 그 할머니의 할머니로부터 전傳해져 내려온 이야기이다. 역사 없이 지금의 나는 존재하지 않을 것이다. 한 집안의 역사를 써가는 중심에 있는 주부, 엄마인 여러 분이 다부지고 강한 여자이기를 마지막으로 한 번 더 당부한다.

2015년 4월
튼눈 김숙년

차 례

3. 할머니의 할머니로부터 이어진 전통육아

4. 젊은 엄마들에게

엄마 마음 수업

아이 낳고 기르기

엄마가 되려면 '마음 준비'가 첫 번째다. 임신을 계획한 순간부터 엄마가 될 준비를 해야 한다. 배 속에 열 달을 품었다가 태어나면 젖을 먹이는 것부터 자라는 내내 씻기고 입히고 먹이고 가르치고…… 엄마의 삶은 아이가 없던 이전의 그것과 완전히 달라진다.

아이와 함께 웃고 울며 이 세상에서 가장 강한 이름, '엄마'가 되는 길. 누구보다 현명한 엄마가 되어 아이를 잘 기르기를 바라며 육아에 관한 몇 가지 이야기를 전한다.

엄마 마음의 준비

엄마가 될 사람은 마음의 준비를 하는 것이 첫 번째로 할 일이다.

첫아이 때는 모르는 것도 많고 불안한 마음이 커서 마음을 편히 먹기 어렵다. 입덧이라도 하면 더욱 예민해져 사소한 일에도 마음이 바르르 떨려 남이 알아주길 바란다. 쉽게 서운해지고 자신의 상태를 종종 표출하니, 배 속의 아이보다 엄마인 나 자신을 먼저 생각하는 것이다. 힘들겠지만 엄마는 참고 인내하는 사람임을 잊지 말아야 한다. 아이가 태어나면 더더욱 참을 일이 많아진다. 엄마가 되는 순간 숙명처럼 받아들여야 할 일이다. 나 혼자만 그런 것이 아니니 두렵고 서러울 것 없다. 이 세상 모든 엄마가 그러하다.

나쁜 생각은 하지 말고, 남에게 아쉬운 마음을 갖기 보다는 아이가 나에게 찾아왔다는 기쁨을 만끽하도록 한다. 좋은 생각을 하고, 좋은 소리만 듣고, 반듯한 음식만을 골라 취하는 것이 엄마 의 첫 번째 마음 준비다.

아이를 품은 9개월 동안은 차차 해산할 때를 대비한 마음의 준비도 해야 한다. 해산의 고통은 이제껏 경험해보지 못한 아픔을 동반한다. 의학이 발달해 아이의 상황을 초음파로 보면서 전문가가 필요한 조처를 취해 안전하게 출산하도록 하는 세상이지만 산고를 겪고 나야 진짜 엄마로 거듭나는 것은 예나 지금이나 똑같다.

출산의 과정은 엄마에게도 힘들지만 세상 밖으로 나오는 아기에게도 고통스러운 순간이다. 고통을 견뎌내고 밖으로 나와 첫 울음을 우렁차게 뱉어낼 아이를 위해 좋은 마음으로 해산을 준비하자. 삼신할머니가 도와주실 테니 아이를 만날 기쁨만 생각하면서 마음을 편하게 가져야 한다.

아이가 태어난 후에는 수유에 대한 준비가 필요하다. 엄마는 젖 먹일 것에 대한 마음의 준비를 해야 한다. 수유는 자연스럽게 이루어지는 것이지만 엄마에게는 크고 작은 고통이 따르게 마련이다. 젖이 돌지 않아 유선이 막히면 가슴이 단단하게 굳어버리기도 하고, 젖꼭지 살갗이 벗겨져 바늘로 찌르는 듯 아프거나 피가 맺혀 쓰리기도 한다.

지금 생각해도 그 고통은 어제 일처럼 생생하다. 만지기만 해도 아픈 젖을 아이에게 수시로 물려야 하는 고통은 당해보기 전에는 도저히 알 수가 없다. 하지만 아픔도 그때 뿐. 아이가 볼우물(볼에 오목하게 들어가는 작은 보조개)이 쏙 들어가도록 입을 오물거리며 젖을 빠는 모습을 보면 다행스럽고 행복한 기분이 밀려온다.

젖을 빨려는 아이를 보면 본능적으로 엄마 젖이 핑 돈다. 아이가 힘 있게 젖을 빨면 젖가슴이 순간 시원해지면서 뭉친 것이 자연스레

풀린다. 젖몸살을 푸는 가장 좋은 방법이 수시로 아이에게 젖을 물리는 것임은 이 때문이다.

여자의 삶은 아이 낳기 전후로 크게 달라진다. 사회생활을 계속 한다고 해도 아이를 낳기 전과는 같을 수 없다. 자식을 키우는 것은 산 넘어 산. 출산이 끝났다고 끝이 아니다. 그때부터가 시작이다. 고비고비 넘어가는 기분으로 아이가 커가는 과정에 부딪치는 문제들을 해결해가야 한다.

눈물을 흘릴 때도 있고, 아이와 함께 행복에 겨워 웃을 때도 있으니 엄마가 된 숙명을 지혜롭게 받아들이고 헤쳐 나가기를 바란다. 더 이상 나약한 여성이 아닌, 강한 '엄마'가 된 것은 축복이자 축하 받아 마땅한 일이다.

엄마 손으로 마련하는 출산준비물

태어날 아이를 기다리며 마련해두어야 할 출산준비물 목록을 이제 와 다시 정리하다보니 하나하나에 뜻이 있고 참 합리적이다. 세월이 흘러 지금은 나나 내 어머니가 아이를 낳을 때와는 많이 달라졌지만 아직까지도 이어져 내려오는 것들에는 분명 그럴 만한 이유가 있다. 부르는 이름이 바뀐 것도 있고 편의성에 맞게 그 모양이 변한 것도 있지만 배냇저고리, 속싸개, 겉싸개, 손싸개, 턱받이 등은 그대로이다. 요즘은 수면조끼라 하여 잠 잘 때 아이 배가 나오지 않고 포근하게 잠들 수 있도록 만든 것을 예전에는 '두렁치마'라 불렀다.

옛 어른들 말씀에 첫아이 입힐 배냇저고리는 평면으로 마름질하여 허리춤은 몇 겹의 무명실 끈으로 매라 했다. 오줌 똥 가리기 편하라고 만든 풍차바지는 아래를 터놓았고, 겨울에는 따뜻한 융을 겹으로 대서 만들었다. 어깨를 잇고 허리에 끈을 달아 뒤로 여며 아기의 배를 가리도록 만들었던 두렁치마도 있었다. 보드라운 거즈 면에 목화솜을 얇게 넣고 얇은 면으로 한 번 더 감싸 박은 깔포대기는 아이를 포근하게 눕히기 위해 꼭 필요하다. 요 위에 깔고 애기를 누워 자게 하면 잠을 잘 잤다. 날씨가 더울 땐 풀을 먹여 다려놓으면 아기는 발바닥으로 바닥을 싹싹 문질러 가며 즐거운 표정을 지었다.

사는 것이 손으로 만든 것보다 못하던 시절. 집에서 직접 만든 것이 원단도, 바느질도, 디자인도 기성제품보다 훨씬 뛰어났다. 지금이야 손가락만 까딱하면 앉은 자리에서 인터넷을 통해 미국의 물건도 우리 집으로 옮겨올 수 있지만, 그땐 무엇이든 손으로 만들려 했고 또 그게 바로 엄마 마음이었다. 하루가 다르게 새것이 나오는 세상이지만 여전히 아이가 입을 옷과 아기 용품들은 엄마 손으로 만든 것만큼 좋은 것은 없다.

옷, 이불, 기저귀…… 하나하나에 엄마의 정성이 깃들었기 때문은 물론이거니와, 재봉틀로 박은 것보다 손바느질로 한 땀 한 땀 만든 것이 훨씬 부드럽다. 박음질선이 꺾이지 않고 물결치듯 부드러운 것이 손바느질의 특징이다.

또 여름에 태어난 아이와 겨울에 태어난 아기의 출산준비물은 소재에 차별을 두어야 한다. 여름에는 얇고 빳빳한 느낌이 나는 아사(면 소재)를 쓰고, 겨울에는 솜을 넣어 두툼하게 만들거나 융이 들어간 면을 사용한다. 아이의 옷은 부드럽고 흡수율이 좋으며 계절에 맞춰 보온성이나 통기성이 뛰어난 소재를 선택해야 한다.

배내옷 면실을 여러 겹 겹쳐 허리를 끈으로 고정시킨다. 흔히 '배냇저고리'라고 부르는 옷을 말한다.

속싸개 겨울에는 포근한 면 소재로, 여름에는 아사처럼 시원한 천으로 만든다.

겉싸개 날이 추운 겨울에 필요하다. 솜을 넣어 두툼하게 지어 보온성을 높인다.

깔포대기 흰 면 소재를 선택하여 잘 빨아 풀기를 빼내고 다리미로 다려 펼친 후 목화솜을 얄팍하게 두어 1cm 간격으로 손누비질(홈질) 하여 만든다.

두렁치마 아이가 누워서 발버둥을 치면 옷이 올라가 배가 나올 수 있으니, 이를 가려주는 목적으로 만든 앞치마이다. 요즘으로 말하자면 '수면조끼'와 비슷하다.

손싸개 종잇장처럼 얇은 아이의 손톱이 아이 얼굴을 긁어 상처 내는 일이 많으므로 손을 감싸두도록 한다.

천기저귀 부드러운 소창으로 준비한다. 특히 발진이 있을 때는 일회용보다 천기저귀가 피부에 좋다.

손수건 면 거즈로 만든다. 여유 있게 20장 정도 준비한다.

턱받이 젖이나 이유식을 먹을 때 필요하다.

풍차바지 아이가 서서 돌아다니기 시작할 때부터 기저귀를 떼는 연습을 하는 시기까지 유용하다. 바지 아래를 터서 기저귀를 갈거나 아이가 스스로 볼일을 볼 때 편리하도록 만들었다.

앞치마와 앞치기 놀이를 할 때 입히면 아이가 행동하기에도 편하고 무언가를 묻혀도 쉽게 벗겨 빨 수 있으니 여러모로 좋다.

배내옷

손싸개

턱받이

풍차바지

삼신할머니

대청마루에 이어 있던 큰 건넌방 앞의 툇마루는 모서리에 각이 져 있었다. 대청마루보다 높고 제법 넓은 툇마루였다. 유별나게 몸이 쟀던 내 동생은 대청에서 건넌방으로 갈 때면 으레 장애물 경주하듯 뛰어다녔다. 그러다가 발을 헛딛기라도 하면 아래로 굴러 떨어지기 일쑤였다. 툇마루 밑에는 돌멩이가 불쑥 튀어나와 있어 넘어질 때마다 돌멩이에 머리를 부딪쳐 다치곤 했다.

그럴 때마다 할머니는 동생을 달래셨는데, 언제나 삼신할머니를 찾으셨다.

"삼신할머니가 도우시니 괜찮다, 괜찮아."

아이들이 놀다 넘어져도, 열이 나고 아플 때도 삼신할머니를 찾으셨다. 우리에게 삼신할머니는 마치 수호천사처럼 우리를 보살피는 존재였다.

세월이 흘러 내 작은딸이 출가하여 딸을 낳고 곧이어 아들을 낳았다. 그로부터 1년이 지난 어느 날, 딸아이가 영 맥이 빠진 목소리로

전화를 했다

"엄마!"

여느 때와 달리 한번 부르더니 말을 끊고 잠잠했다. 나는 궁금하여 어디가 아프냐, 아이들은 어떠하냐, 김 서방은 잘 지내고……? 해가며 다그쳐 물었다. 머뭇거리는 딸아이에 혹시나 하여 태기가 있느냐고 물었더니 그제야 "으응" 하며 당혹해했다.

그러는 딸에게 "딸 낳고, 아들도 낳고. 아이 둘을 순산했는데 걱정할 게 무어냐" 하며 느긋하게 위로를 건넸다. 딸의 걱정은 요즘 세상에 아이 셋을 낳는 집이 어디 있느냐는 것이었다. 그 말에 나는 대뜸 "삼신할머니께서 점지해 주신 것이니 반갑고 감사하게 받아야지." 하고 타일렀다. 괜히 들뜨고 흥분되어 나도 모르게 삼신할머니를 찾았다. 옛 어른들 말에 아이는 태어날 때 제 먹을 것은 타고난다고 했다. 그 말을 꼭 믿는 것은 아니지만 이미 점지 받은 아기는 잘 낳아서 잘 기르는 것이 사람 된 도리 아니겠는가.

셋째 아이를 가졌다는 말을 들은 후로 나는 작은딸에게 수시로 전화를 했다. 세 번째 아이건만 나의 잔소리는 더욱 늘어났다. 나의 증조할머니께서 내내 말씀하셨던 《내훈》의 예절과 어머니께서 늘 일깨워주시던 《계녀서》의 말씀을 생각하면서.

사주당 이씨(조선조 순조 때 《언문지》를 지은 서파 유희의 어머니)의 《태교신기》에 의하면 이런 말이 있다.

"아비는 씨를 지고 어미는 배 안에 기르고 밧 스승은 가르치는데 이는 다 한 가지다. 명의는 병나기 전에 미리 손쓰고 아기 잘 기르는 이는 그러기에 낳기 전에 가르치느니라. 밧 스승의 십 년 교육이 어미 열 달 배 안 태교만 못하고, 어미 열 달 뱃속 교육이라야 지아비 하루 씨 지음만 같지 못하느니라.”

삼신할머니는 실제 인간이 아니라 하나의 상징적 존재다. 환인도, 환웅도 아니요, 환검도 아니다. 다만 아담한 키에 머리는 하얗고, 하얀 치마저고리를 단정하게 입었으리라 생각해본다. 아기가 태어날 때 도와주고, 낳아서 열 살이 될 때까지 보살펴 주는 인자하고 마음 넉넉한 착한 할머니로. 아이들의 볼기에 있는 푸른 반점은 엄마 배 속에서 빨리 밖으로 나가라며 삼신할머니가 때린 자국이라는 말이 전해진다.

나는 종교를 잘 모른다. 다만 인간은 완전하지 않기에 예수나 부처의 뜻을 믿고 따르려 노력하는 것 같다. 심각한 위기에 접하게 되면 조상님의 뜻이라고, 신의 뜻이라고 위안하며 그것을 긍정으로 받아들이기도 한다.

하물며 새 생명을 잉태하여 낳고 기르는 일에 어찌 인간이 불안하고 두렵지 않겠는가? 이러한 우리에게 위안을 주고 든든한 의지가 되는 이가 바로 삼신할머니인 것이다. 우리의 아이들을 언제 어디서나 지켜주고 돌보아주시는 마음 푸근한 삼신할머니. 그러나 한편으로 삼신할머니는 노여움도 있고 분별없는 어미들을 암암리에 꾸짖기도 한다고 생각하여, 어른들은 아이 듣는 데서 함부로 입놀림을 하지 말라고 늘 조심시키곤 하셨다. 삼신할머니 노하신다고.

그래서인지 아이 듣는 데서 "예쁘다", "살쪘다", "밥 잘 먹네", "복이 많다" 등의 말을 거침없이 하는 것도 조심시켰다. 내가 어렸을 적에는 삼신할머니가 정말로 옆에서 듣고 보고 하는 줄 알고 비뚤어진 행동과 교만스러운 짓을 하면 안 된다고 생각했고, 지금은 내가 대신 딸과 며느리에게 그런 주의를 주곤 한다.

지금 생각해보면 삼신할머니를 내세워 부녀자의 '덕'을 쌓도록 한 것이 아닌가 싶다. 자식을 낳고 무조건적인 사랑을 베풀다 보면 자칫 자식 자랑을 늘어놓게 되기도 하니 절도 있게 표현하자는 뜻이었을 것이다.

예전에는 자식에 관한 이야기를 되도록 삼갔으나 요즘 젊은 엄마들은 쉽게 아이 자랑을 늘어놓는다. 그런 모습을 볼 때마다 나는 조바심하지 말고 여유를 가지라고, 또 아이가 올바른 길로 가도록 보살피며 기다리는 마음을 가지라고 말하고 싶다. "삼신할머니께 무해, 무덕, 수명장수 발원합니다." 하는 기원과 함께. 삼신할머니의 그 곱고 인자한 모습을 그리면서.

아기와 교감하며 수유하기

아기가 태어나서 처음으로 먹게 되는 것이 바로 엄마의 젖, 모유다. 엄마의 몸 밖으로 나온 아기에게 모유는 엄마와 이어주는 끈이자 가장 영양가 높은 아기 밥이다. 처음 수유를 할 때는 익숙하지 않아 실수를 연발하기도 하지만 요령만 조금 알면 금세 익숙해진다. 수유를 하는 동안은 아기와 엄마가 교감하며 체온을 나눌 수 있는 둘만의 시간이다. 아기에게 안정감을 주고 꼭 필요한 영양분을 주는 수유야 말로 아이가 태어난 뒤 엄마가 해야 하는 가장 중요한 일이라 하겠다.

수유를 할 때에는 아기를 눕혀놓을 때 쓰는 깔포대기에 아기를 폭 감싸 안아 엄마의 왼쪽 가슴에 아기의 얼굴이 오도록 안고 먹인다. 이렇게 하면 왼쪽 젖부터 먹이게 된다. 우선 유두를 젖은 거즈로 깨끗하게 닦아내며 젖을 가볍게 문질러 풀어 마사지한다. 아기에게 턱받이나 손수건을 두르고 아기 입에 젖을 물린다. 이때 아이가 유두와 유륜을 충분히 물도록 깊이 넣어줘야 한다.

아기가 태어난 첫날, 젖이 아직 돌지 않았더라도 아이에게 젖을 물려 초유를 반드시 먹이도록 한다. 초유에는 모체로부터의 면역 성분이 들어 있어 갓난아이에게 반드시 필요하다. 또 초유를 먹어야 태변이 쉽게 나오고 황달도 오지 않는다.

혹시 젖이 잘 나오지 않더라도 포기하지 말고 수시로 아이에게 물리다보면 젖이 돌기 시작하고 아이가 먹는 양도 점점 늘어난다. 책에서 배운 대로 수유시간을 지키려고 억지로 아이를 굶겨 울려서는 안 된다. 아이마다 개인차가 있으니 아이가 찾으면 수시로 젖을 물리도록 한다. 산모의 젖이 부족할 경우 아이는 배가 고파 보채게 된다. 이때는 분유와 병행하여 주기도 한다.

수유하는 엄마는 차가운 손으로 아이를 안지 않도록 하고 오른쪽 둘째 손가락과 셋째 손가락을 V자 모양으로 하여 젖꼭지를 살짝 쥐어 아기 코가 엄마 가슴에 눌리지 않도록 보호한다. 무엇보다 중요한 것은 수유하는 엄마의 마음이다. 아이를 향한 애정을 듬뿍 담아 따뜻한 눈빛으로 바라보면서 수유하는 것을 잊지 않도록 한다.

수유기 동안 엄마는 바쁜 마음을 먹지 않도록 주의한다. 화를 내거나 울면서 젖을 먹여서도 안 된다. 클래식과 같이 편안한 음악을 들으며 수유할 수 있으면 더 없이 좋겠다. 엄마가 먹는 음식도 맵거나 짠 음식은 피해 아이에게 해로운 성분이 전해지지 않도록 한다.

모유를 먹이는 엄마뿐 아니라 분유를 먹이는 경우도 마찬가지다. 조심스럽고 정성스러운 마음으로 늘 주의를 기울여 아기를 보살피도록 하자.

행복한 스킨십, 아기 목욕

아이를 목욕시킬 때는 작은 대야와 아기욕조 두 군데에 물을 준비한다. 엄마가 팔을 담가봤을 때 물이 따듯하게 느껴질 정도로 온도를 맞춘다. 손만 살짝 담가보는 걸로는 적당한 온도를 맞추기 어렵다. 타월도 큰 타월과 작은 손수건을 준비하고, 목욕이 끝나면 바로 옷을 입힐 수 있도록 새 옷을 방 안에 펼쳐놓는다.

물이 알맞게 준비되면 얇은 싸개포대기로 아기를 폭 감싼 상태로 "이제 목욕하자"하며 아기 이마에 물을 한 방울 똑 떨어뜨려 아기에게 목욕을 한다는 것을 알려준다. 얼굴, 몸, 아랫도리로 내려가면서 물을 묻히고 아기의 몸을 물속에 담근다. 이렇게 하면 아기를 울리지 않고 무사히 목욕을 마칠 수 있다.

목욕이 끝나면 작은 대야에 준비한 물로 얼굴을 헹궈 마무리한다. 큰 타월로 몸 전체를 감싸 물기를 닦아주고 부드러운 작은 수건으로 목과 귀 뒤의 물기를 없앤다. 목욕 후 물기가 완전히 마르기 전에 로

선을 발라 피부를 촉촉하게 유지시킨다.

여름에는 목욕을 좀 더 자주 시켜줘야 한다. 에어컨이나 선풍기 바람을 되도록 피하고 자연스러운 온도에서 생활하도록 하는 것이 좋다. 더울 때는 땀도 흘리고, 땀을 흘리고 나면 개운하게 목욕을 하면서 그렇게 계절을 보내는 것이 좋다. 여름철에 아이가 갑자기 칭얼거린다면 더워서 그런 것일 수 있다. 미지근한 물로 목욕을 시켜 시원한 기분을 느끼게 해주면 금세 방긋거리며 웃는다. 덩달아 엄마도 상쾌하고 행복해진다.

나는 지금도 아이의 발냄새 맡는 것을 좋아한다. 목욕을 마친 아이의 발에 코를 대고 비누냄새를 느낄 때도 좋고, 아기 양말을 벗겼을 때 나는 아기만의 콤콤한 발냄새도 사랑스럽다. 아이와 스킨십하며 목욕을 시키고 아기 냄새를 실컷 맡아보는 일, 이것이야말로 엄마의 특권이다. 이런 소소한 행복이 있어야 엄마로서의 고된 일상도 기꺼이 견뎌낼 수 있는 것 같다.

자장가   아이가 잠이 와서 칭얼대고 보챌 때 가장 좋은 약은 엄마 품이다. 오래전 이야기인데, 시집간 나의 고모가 아이들을 친정에 맡기는 날이면 밤마다 어린 아이들이 엄마를 찾으며 울었다. 그 때마다 나는 아이들을 내 가슴으로 당겨 안고 토닥토닥 재웠다. 그렇게 하면 훌쩍이던 아이들이 아직 시집도 가기 전인 내 품에서도 곤히 잠들곤 했다.

아이를 재울 때는 우선 아이의 얼굴이 엄마의 왼쪽 가슴에 오도록 안아 엄마의 심장 소리를 들려준다. 오른쪽으로 안는 것보다 심장이 있는 왼쪽으로 안아야 아이가 훨씬 안정을 찾는다. 그리고는 등을 토닥토닥 한다. 어깨가 들썩일 만큼 흐느끼는 아이도 토닥이며 "자장자장, 자장자장……" 하면 이내 숨을 고르고 스르륵 잠이 든다. 눈가에 눈물 자국도 채 마르기 전에. 그제야 엄마는 한숨 돌리게 된다.

아이가 울면 엄마 마음은 다급해지기만 한다. 모차르트, 슈베르트, 그밖에 들어두었던 수많은 자장가를 부르며 아이를 재워본다. 내가 경험한 바로 가장 효과적이고 입과 귀에 착 붙는 자장가는 예로부터 구전되어 온 우리의 자장가이다.

자장자장, 자장자장
우리 아기 잘도 잔다
앞집 개야 짖지 말고
뒷집 개야 짖지 마라
꼬꼬 닭아 우지 마라
우리 아기 잘도 잔다

엄마는 몸을 양쪽으로 흔들흔들 기우뚱 기우뚱 흔들면서 마치 할아버지가 책 읽을 때 흔드시듯 노래한다. 글 읽듯이 줄줄 읽다가 끝머리에 가서는 음을 높여 가면서. "앞집 개야" 하고 부를 때는 숨을 크게 쉬어 가며 마치 개를 쫓듯이 큰 소리로 구성지게 부른다. 중저음으로 나지막하게 끝도 없이 반복할 수 있는 우리 자장가. 지금도 아기 재울 때는 이 자장가가 으뜸이다.

삼칠일과 백일

산모가 아이를 낳으면 첫 음식으로 미역국을 먹는다. 지역마다 함께 넣고 끓이는 부재료가 조금씩 달라 해안가는 해산물을 넣어 몸 보양을 시키고, 서울에선 쇠고기를, 산간 지역에서는 닭고기와 감자를 넣기도 한다. 우리 집에서는 뜨거운 미역국에 달걀을 깨뜨려 넣어 반숙으로 익힌 것을 산모의 해산미역국(p.240 참고)으로 냈다. 이 기간에는 어떤 식으로든 산모의 입맛에 맞게 줘야 하고 양을 넉넉히 주어 영양을 보하도록 해야 한다.

아이 생후 1주일이 되면 '한이레'라 했고, 2주가 되면 '두이레', 3주가 되면 '세이레', 즉 '삼칠일'이라 했다. 이레 마다 삼신할머니에게 미역국과 밥을 지어 올리며 아이의 복을 빌기도 했다.

삼칠일, 즉 생후 21일까지는 아이와 산모에게 매우 중요한 시기여서 여러 가지 금기 사항이 많았고, 삼칠일이 지나서야 조금씩 금지된 항목들이 풀리기 시작했다. 아이가 태어나면 바로 대문에 걸어두었던 금줄도 삼칠일이 되면 내릴 수 있었다. 금줄은 아이를 보호하는 의미에서 잡귀나 부정한 사람이 들어오지 않도록 하는 것으로 남자아이는 고추와 숯을, 여자아이는 숯과 솔잎을 매달았다.

백일이 되면 예전에는 잔치를 열었다. 위생 상태나 의료시설이 열악하던 때라 백일을 넘기면 한고비를 넘겼다는 뜻으로 기쁨을 서로 나눈 것이다.

백일상에는 흰무리(백설기)와 수수경단을 내고 미역국, 숙주나물을 놓았다. 숙주나물은 아이가 깨끗하게 자라라는 뜻이다. 또한 무명실타래를 놓아 아이의 무병장수를 빌었다. 백일 떡은 여러 집이 나눠 먹도록 넉넉히 하여 동네에 돌렸고, 백일 떡을 먹은 집은 떡 그릇을 빈 그릇으로 보내지 않고 무명실이라도 한 타래 얹어서 보냈다.

산모는 백일까지도 몸을 조심해야 한다. 무거운 것을 들거나 힘든 일은 되도록 피하고 가벼운 집안일만 하도록 한다. 아이가 젖을 먹는 동안은 매운 것, 짠 것과 같이 맛이 자극적인 음식은 피한다. 매운 것을 먹으면 아이의 항문 주변이 발갛게 올라오는 것을 보게 되니 젖 먹이는 엄마는 더더욱 음식을 조심해야 한다.

이유식 시작하기

생후 2~3개월이 되면 젖 외에 물을 먹일 수 있다. 미지근한 보리차를 숟가락 끝에 살짝 떠서 아이 입에 떨어뜨려 본다. 아이가 잘 빨아 먹으면 그때부터 물을 조금씩 먹이도록 한다. 특히 자고 일어났을 때나 목욕을 시킨 후 목이 마를 때 먹이면 좋다.

4~5개월이 되면 이른 아이는 유치가 나기 시작한다. 아랫니 두개가 뾰족하게 나오는데 세게 물면 어른도 아플 정도로 굉장히 날카롭다. 아이에 따라 치아가 올라오는 시기가 다르므로 몇 개월이면 유치 몇 개가 나야 한다고 이론에 기대어 조바심내거나 하지 않는다. 빨리 나오는 아이도 있고 유독 늦게 나는 아이도 있으니 성장 속도에 맞춰 돌봐주면 된다. 물론, 너무 차이가 난다 싶을 정도로 유난히 늦어지면 의사에게 보여주도록 한다.

아이의 성장 정도에 따라 이유식을 시작하는데, 대체로 생후 5~6개월이 되면 젖 먹이는 횟수를 줄이고 이유식을 조금씩 먹여본다. 처

음에는 젖을 먹기 전 소량을 주는 방법으로 한다. 밥물을 조금 떠서 먹여보았다가 그 다음에는 조미음-현미찹쌀미음 순으로 먹이면 맛도 영양도 좋다. 어린 아이의 입맛은 생각보다 예민하여 쌀이 비릿하다고 받아들이지 않는 경우도 있다. 이에 비해 조는 구수하니까 쌀보다 잘 먹을 확률이 높다. 경험을 통해 알아온 이런 이야기들을 귀담아 들어놓으면 요즘의 엄마들에게도 큰 도움이 되리라 믿는다.

조미음을 잘 먹으면 쌀미음-타락-잣죽-콩죽-녹두죽 순으로 점차 발전시켰다. 내가 자랄 때도 내가 아이를 키울 때도 있어왔던 메뉴다. 타락은 우유에 쌀가루를 넣어 쑨 것으로, 옛날 궁에서 임금이 편찮으실 때나 아침 식전에 음료로 드시곤 하던 음식이다.

영양을 더하고 다양한 재료를 활용하기 위해서는 암죽을 먹였다. 밤을 구워 곱게 으깨어 체에 밭쳐 암죽을 쑤기도 하고, 감자를 쪄서 으깨어 끓인 감자암죽, 마암죽, 칙가루암죽 등도 있다.

조미음 만들기

아이 먹일 이유식은 메조로 한다. 메조를 깨끗이 씻어 냄비에 넣고 아주 갓난아기는 6배의 물을 잡고 1컵을 더 넣어 끓인다. 조가 푹 익으면 체에 내린다. 거친 껍질은 들어가지 않게 하고, 소금은 넣지 않거나 꼬치로 찍어서 넣을 정도로 아주 조금만 넣는다.

타락 만들기

아이에게 주는 타락은 불린 쌀을 갈아서 체에 밭쳐 그 물을 끓여 풀을 쑤다가 어느 정도 익으면 우유나 산양유를 1큰술 정도만 첨가하여 만든다. 엄마젖이나 분유 물을 이용해도 좋다.

잣죽 만들기

먼저 불린 쌀을 갈아 체에 밭쳐 풀을 쑨다. 여기에 잣을 갈아서 체에 밭친 잣국물을 넣는다. 중요한 것은 쌀부터 익힌 후 잣물을 섞는 것이다. 쌀과 잣을 함께 갈아서 쑤면 끓일수록 묽어지니 주의한다.

첫돌 이전까지의 이유식

아이들은 아랫니 2개가 나오고 윗니가 나기 시작할 무렵부터 음식에 대한 호기심이 왕성해진다. 어른이 밥을 먹으려고 앉아 있으면 관심을 보이며 숟가락을 뺏고 밥그릇을 잡아당기기도 한다. 어린 아이 앞에는 뜨거운 국이나 밥, 유리그릇을 놓지 않도록 주의해야 한다.

아이가 모유나 분유 외에 처음 먹기 시작하는 음식인 이유식은 연식-유동식-준 고형식-고형식 순으로 점차 밥의 형태에 가까워진다. 탄수화물을 먹는 것에 능숙해지면 거기에 영양가 있는 재료를 곁들이기 시작한다. 월령에 맞추어 아이가 잘 성장할 수 있도록 동물성, 식물성 재료를 고루 선택하도록 한다. 이때 식품의 신선도를 반드시 체크하는 것도 중요하다. 아이가 점진적으로 잘 받아먹고 소화에 지장이 없으면 양을 조금씩 늘리고 영양소를 더해간다. 이렇게 이유식 단계가 높아질수록 우유나 모유를 먹는 횟수는 줄이고 이유식의 횟수는 늘린다. 젖을 먹이기 전에 이유식-수유-이유식-수유 순으로 수유의 횟수를 줄이다보면 자연스럽게 젖을 뗄 수 있다.

유치가 아직 미숙하고 어금니도 덜 났을 때는 수유와 이유식을 계속 병행하는 것이 좋다. 쌀알이 잘 익고 퍼진 묽은 죽을 먹이는 과정이라면 멸치를 볶아 가루를 만든 다음 체에 곱게 내려 만든 멸치가루를 넣어 먹이면 좋다. 이렇게 하면 채소 위주로 만든 죽을 먹는 아이에게 단백질과 칼슘을 보충해줄 수 있다. 또 달걀노른자를 익혀서 죽에 넣어주는 것도 영양 면에서 좋은 방법이다. 고기를 곱게 다져 볶은 다음 잘 말려서 갈거나 어레미에 내려 가루로 내어 죽에 넣어주기도 했다. 옛 어른들로부터 전해져 내려온 방법들로, 우리나라 사람의 입맛에 잘 맞기도 하거니와 이유시기에 부족하기 쉬운 영양을 챙길 수 있는 좋은 방법이다.

돌이 가까워질 무렵 아이는 되직한 죽을 먹을 수 있다. 죽만 먹다보면 싫증이 날 수도 있는데, 밥을 혀로 내밀고 잘 먹지 않으려고 할 것이다. 이럴 때는 죽에 새우젓국을 한 방울 떨어뜨려 자작자작 끓여서 준다. 아주 적은 양이지만 그 간간하고 고소한 맛에 입맛이 돌아 다시 죽을 잘 먹는다. 쌀알을 소화시키는 것이 어려워 보이면 무를 갈아 넣고 새우젓국을 한 방울 떨어뜨려주자. 소화를 도와 아이 속이 편안해진다. '젓국죽'과 같이 아이가 밥을 잘 먹도록 하는 처방전을 옛 어른들은 여러 가지 알고 계셨다.

영양 멸치가루

죽방멸치를 준비해 머리와 내장을 떼고 채반에 펼쳐 햇빛에서 바싹 말린다. 기름을 두르지 않고 달군 프라이팬에 올려 살짝 볶고 믹서에 곱게 간다. 체에 내려 고운 가루만 걸러 사용한다.

한국의 맛, 우리 이유식 재료

나에게 최고의 이유식 재료가 무엇이냐고 묻는다면 '새우젓'과 '된장'을 꼽겠다. 요즘 엄마들에게는 다소 의외의 재료일 수도 있지만 이 두 가지는 아직 소화가 미숙한 아이가 음식을 잘 먹을 수 있도록 돕고 입맛을 돌게 하는 훌륭한 재료다.

새우젓에는 동물성단백질과 무기질이 풍부하고, 된장은 식물성단백질 중 최고인 콩으로 만든 발효식품이다. 미각이 예민한 아이들에게 우리의 고급스러운 전통의 맛을 알려주려면 이만한 재료가 없다. 건강한 입맛을 키우기 위해서도 우리의 발효장은 아이에게 꼭 필요하다.

새우젓

단백질과 무기질이 풍부하며 발효과정에서 생성되는 프로테아제가 소화를 원활하게 돕는다. 아이가 잘 먹지 않을 때 새우젓으로 입맛을 북돋아주면 좋다.

음력 정월 즈음부터 4월 사이에 잡은 새우로 담근 것을 풋젓, 5월에 담가 살이 단단하지 않고 붉은빛이 도는 것을 오젓이라고 한다. 6월의 새우로 담근 것은 새우젓 중 제일인 육젓이라 한다. 7월은 차젓, 8월은 추젓, 9~10월에 잡은 것은 동백젓, 동짓달의 것은 동젓이라고 한다. 토하젓은 민물새우로 담근 것을 말한다.

간장

메주를 소금물에 담가 숙성시키는 동안 미생물에 의해 발효 과정이 진행되는데, 이때 단백질 분해 작용으로 아미노산, 유기산류, 당류 등이 생성되어 맛과 향이 생긴다. 음식에 따라 간장의 종류를 구별해서 써야 한다. 국이나 찌개, 나물 등에는 색이 옅은 청장을 쓰고, 조림이나 포, 초 등의 요리와 육류의 양념에는 진간장을 쓴다.

간장은 단백질과 아미노산이 풍부한 콩으로 만들어진 발효식품으로 훌륭한 단백질 공급원이다. 감칠맛의 주성분은 10여 종의 아미노산이다. 간장으로 조미한 음식이 싱거우면 간장을 더 넣기보다는 소금을 조금 넣는 것이 맛이 낫다. 짠맛이 강하기 때문에 생후 10개월부터 조금씩 먹이기 시작한다.

된장

된장은 예로부터 오덕五德이라 하여 첫째, 단심丹心. 다른 맛과 섞어도 제 맛을 낸다. 둘째, 항심恒心. 오랫동안 상하지 않는다. 셋째, 불심佛心. 비리고 기름진 냄새를 제거한다. 넷째, 선심善心. 매운맛을 부드럽게 해준다. 다섯째, 화심和心. 어떤 음식과도 조화를 잘 이룬다고 했다. 콩의 영양이 농축된 된장은 쌀을 주식으로 하는 우리 식단에서 조미료뿐만 아니라 단백질 공급원의 역할까지 했다.

된장은 필수아미노산과 비타민이 풍부하므로 생후 8개월부터 이유식에 넣어 먹인다. 짠맛이 덜하고 소화에 좋은 두부장을 먹이면 더욱 좋다. 두부를 베보에 담아 물기를 뺀 뒤 베보자기째 잘 숙성된 된장 속에 1년간 묻어두면 된장이 두부에 배어 두부장이 만들어진다.

고추장

고추장은 찹쌀가루 풀이나 보리밥, 밀가루에 엿기름가루, 메주가루, 고춧가루를 넣고 버무려 발효시킨 것이다. 탄수화물의 가수분해에 의해 생긴 단맛과 콩단백질에서 나오는 아미노산의 감칠맛, 고춧가루의 매운맛, 소금의 짠맛이 한데 어우러진 고유의 조미료다. 음식의 간을 맞추기보다는 발효된 감칠맛과 매운맛으로 향신료 역할을 한다.

매콤한 맛이 입맛을 돋워 식욕 증진 효과가 있다. 멸치를 볶아서 곱게 가루 내어 고추장에 섞어 먹이면 칼슘을 섭취하는 데 도움이 된다. 김가루를 섞으면 매운맛이 덜해져 아이도 쉽게 먹을 수 있다. 생후 12개월부터 조금씩 먹인다.

아이가 아플 때는 엄마표 처방전

내가 살던 집인 '오현'은 인가도 드문 외딴집이었고 식솔이 백 명이나 되었다. 누구 하나가 아파도 바로 병원이나 약국에 갈 수도 없는 곳이었다. 그래서 우리 집 사랑방 한쪽 벽은 할아버지와 아버지께서 만드신 약장에 약이 가득 채워져 있었다. 할아버지와 아버지는 동의보감 같은 옛 의서를 보시고 식구들대로 증상과 처방을 기록해 우리 집만의 처방전을 가지고 계셨다. 누가 저녁을 먹고 배탈이 났거나, 몸에 두드러기가 났거나, 열이 난다거나 하면 곧바로 처방이 내려지고 약이 안채로 들어왔다. 그러면 그걸 달여 먹고 병을 이겨냈다. 이 우리 집표 약국은 마을 사람들도 종종 이용했을 정도다.

요즘에는 병원이나 약국이 모두 잘 되어 있기는 하지만 엄마는 기본적인 의학지식과 함께 식구들 각각에 필요한 맞춤 처방전을 꼭 가지고 있어야 한다. 평소에도 늘 아이를 관찰하며 갑자기 아이가 아프더라도 기본적인 판단은 내릴 수 있어야 한다. 나도 한참 아이들을 키

울 때는 백과사전 같이 두꺼운 유아용 응급처치 책을 외울 정도로 읽
고 또 읽었다. 아래에 우리 집에 전해 내려오는, 상비약과 같은 처방
전 몇 가지를 적어두니 참고하면 좋겠다. 병원에 가야 할 정도의 증상
이 아니라 집에서 다스려도 좋을 가벼운 탈이 났다면 활용해보자.

배탈이 났을 때

밥을 먹고 나서 아이가 몸을 비비 꼬며 칭얼댄다면 뱃속이 불편한
것이다. 그럴 때는 엿기름을 더운 물에 담가 손으로 바락바락 주물러
뿌얀 물을 우린 다음 체에 내려 따뜻한 엿기름물을 만들어 먹인다.
돌 무렵의 아이라면 밥숟가락으로 2~3번 먹이면 된다. 엿기름에 있
는 효소가 아이의 소화를 돕는다.

감기에 걸리려고 할 때

흰 파뿌리를 깨끗하게 닦고 물에 담갔다가 건져 흙을 제거한다. 흰
파뿌리 3~4개와 배 1개, 대추 1줌을 물에 넣고 푹 끓인다. 이 물에
꿀을 타서 수시로 마시도록 한다. 귤이나 생강을 넣기도 하는데 생강
은 아이에게 매울 수 있으니 양을 조절한다.

설사를 할 때

뱃속을 공복상태로 만들도록 하는 것이 우선이다. 수분을 충분히 공
급해야 하니 보리차를 끓여 마시게 한다. 마늘을 구워서 꿀에 재워
먹이면 속이 안정이 된다.

구강을 청결하게

요즘 엄마들은 짠 것이 몸에 좋지 않다는 이유로 소금을 기피하지만 내 경험에는 소금의 도움을 받은 일이 꽤나 많이 있다. 내 아이들은 어려서부터 솜뭉치에 소금물을 묻혀 입 속을 닦아내고, 소금물로 입을 헹구게 하였는데, 어른이 되도록 치과 갈 일이 없었다. 젖먹이 아이가 혀에 백태가 꼈을 때도 연한 소금물 묻힌 솜뭉치로 살살 닦아낸다. 가족의 칫솔을 항상 소금물에 담가두었다가 쓰는 것도 위생에 도움을 준다.

구운 과일은 우리 집 비타민

우리 어머니가 우리에게 쓰셨던 방법은 사과를 한지에 싸서 화로에 넣어 구워서 주는 것이다. 수시로 먹어야 하는 간식 중에서 구운 과일은 탈이 날 염려도 없고 비타민 섭취를 돕는 방법이었다. 과일을 오븐에 구워서 주면 화로보다 편리하다.

김주사의 약방문, 젓국찌개

묘동 종묘 옆에 사시던 김주사는 내가 어릴 적 우리 식구의 건강을 챙겨주시던 한의사였다. 조선 마지막 황후인 윤비마마의 어의였던 분으로 호는 청강晴崗, 존함은 김영훈金永勳이다. 우리나라 한의학에 큰 역할을 하신 분이다.

어른들이 김주사에게 가자고 하면 좋아서 벙긋벙긋 웃으며 따라나섰던 기억이 있다. 웃벌리 침쟁이는 아프게 침을 놓지만 김주사는 맥을 보고는 "다 됐다" 하셨다. 침도 안 놓고 서랍에서 눈깔사탕이며 박하사탕, 과자 등을 꺼내주셨다. 그러니 어린 마음에 좋지 않을 리 없었다. 그리고는 "무 넣고 젓국찌개 끓여 먹어라" 하셨다.

무를 넣은 젓국찌개. 그것이 그분의 처방전이었다.

지금 생각해보면 젓국찌개만큼 과학적인 요리도 없다. 무에서는 탄수화물 소화효소가 나오고 거기에 새우젓까지 넣었으니 단백질 분해효소도 들어 있는 음식이다. 간간한 맛이 입으로 들어가면 위액 분비가 촉진되어 함께 먹는 다른 음식까지 소화가 잘 되었다. 과학적

으로도 원리에 꼭 맞는 이야기다.

우리 남매들, 삼촌들…… 우리 식구라면 모두 젓국찌개를 먹고 자랐다. 요즘 젊은 엄마들을 만나면 다른 건 몰라도 아이 키울 때 젓국찌개는 반드시 먹이라고 이야기한다. 영양학적으로도 소화원리 측면에서도 일리 있는 이야기이니 내 자식들뿐 아니라 널리 이 좋은 레시피를 이용했으면 싶어 권하게 된다. 세우젓이면 짜지 않겠느냐고 무조건 사양하지 말고 들어두기 바란다. 대신 간장이나 소금을 넣지 않으니 결코 몸에 나쁘지 않다.

여름에는 애호박, 양파, 감자를 썰어 뚝배기에 넣고, 쇠고기를 조금 넣어 새우젓, 마늘, 참기름으로 양념해 조물조물 무친다. 쌀뜨물을 자작하게 부어 바글바글 끓인다. 가을 겨울에는 나박하게 썬 무를 넣고 끓이면 좋다. 젓국찌개는 반드시 뚝배기에 끓여야 제맛이 난다. (p.263 참고)

김주사의 또 다른 처방 한 가지는 "생강 세 쪽, 파뿌리 두 쪽"이었다. 생강 세 쪽에 파뿌리 두개 넣고 달인 물을 수시로 마시라는 것이다. 감기 예방에는 이만한 약이 없어 지금도 내가 즐겨 사용하는 우리 집 감기약이다.

비빔밥, 꼭꼭 씹어 먹기

엄마들이 밥숟가락을 들고 아이를 쫓아다니며 먹이는 모습을 종종 볼 수 있다. 밥 먹다가 딴청이네, 빨리 먹질 않네……. 아이를 다그치는 소리도 들린다. 엄마는 애가 타고 아이는 밥이 싫어지고 하니 악순환이다.

아이를 쫓아다니며 밥을 떠먹이는 것은 하지 말라고 단호하게 말하고 싶다. 아이 스스로 밥을 뜨거나 집어 먹게 두는 것이 맞다. 장난을 치거나 돌아다니더라도 아이가 아직 어릴 때는 잠시 그대로 두자. 먹고 싶은 마음이 생기면 아이가 알아서 밥상으로 오게 되어 있다.

엄마는 속이 탈지 모르지만, 아이가 입에 밥을 물고 다니는 동안 밥과 침이 충분히 섞여 1차 소화가 이루어지니 탈이 나지 않아 좋은 점도 있다. 아이가 밥을 뱉는다면 그 또한 이유가 있는 것이다. 입맛 없는 아이에게는 면봉 같은 솜방망이를 만들어 소금물에 적신 다음 입안을 훑어 헹궈준다. 이렇게 하면 입안이 개운해져 밥을 잘 먹게 된다.

아이의 버릇이 나빠지도록 내버려두라는 뜻이 아니다. 아이가 아직 어릴 때에는 여러 가지 지혜를 발휘해 음식을 먹는 일에 익숙해지도록 도와주자는 이야기다. 아이가 음식을 받아들이는 것에 즐거움을 느낀 다음 자연스럽게 식탁에 모여 앉아 이런 저런 예절들을 가르치면 된다. 아이에게 다양한 재료를 맛보이고 꼭꼭 씹어 먹는 연습을 시키기에 알맞은 우리네 음식이 있어 더불어 소개한다.

돌 지나 두세 살 된 아이에게는 비빔밥이 아주 좋은 음식이다. 여러 가지 영양이 골고루 들어가 몸에 좋고, 편식하던 채소도 자연스럽게 먹일 수 있다. 무엇보다, 빨리 삼키라고 국에 밥을 말아주는 것보다 오래 물고 꼭꼭 씹어 먹어야 하는 비빔밥이 아이에게 훨씬 바람직하다.

비빔밥을 잘 씹어 삼키는 동안 턱 관절의 힘을 기르는 운동이 저절로 이루어지니, 팔순이 넘어서까지 내 치아가 건강한 것을 보면 어릴

적부터 즐겨 먹었던 비빔밥 덕분이 아닌가 싶다.

따끈한 밥에 간장과 김가루를 넣고 참기름을 살짝 두른 다음 살살 비벼 숟가락으로 떠 주거나 구슬처럼 동그랗게 만들어준다. 아이가 입에 마냥 물고 있거나 딴 짓을 하는 것처럼 보여도 아이는 먹는 연습 중이라는 것을 알아두자. 그러다가 입에 있는 것을 다 먹으면 스스로 알아서 엄마에게 온다.

나는 아이들에게 장조림에 밥을 비벼주거나 달걀 반숙에 버터를 넣어 비벼주기도 했다. 달걀밥이라고 하여 밥 뜸 들일 때 달걀 하나를 탁 깨뜨려 넣어 밥을 한 다음 장조림 간장에 비벼줘도 좋다. 두부 젓국찌개도 두부가 다 익을 때 쯤 달걀 하나 풀어 넣어 익힌 다음 비벼서 주면 잘 먹는다.

비 오는 날엔 풀떼기

이유식 이야기를 쓰다 보니 어릴 적 먹었던, 또 내 아이들이 어렸을 때 만들어주었던 음식 몇 가지가 떠오른다. 특별히 이유식이라는 이름을 붙이지 않았어도 어린 아이들이 먹기 좋은 것들이다. 더불어 어린 시절 추억이 고스란히 담긴, 기분 좋은 이야기다.

이른 봄, 넓은 밭을 쟁기를 건 소가 갈고 가면 그 뒤를 따르며 메꽃의 하얀 뿌리 넝쿨을 주워 어머니께 가져다드렸다. 그러면 어머니는 그 뿌리를 밀가루나 쌀가루에 묻혀 밥 뜸을 들일 때 올려서 쪄주셨다. 나와 내 형제들은 그 달착지근한 메뿌리를 맛있게 먹었는데, 그 맛이 지금도 잊을 수가 없다.

움에서 마지막으로 나온 배추꼬랑이, 게걸무(이천 지방 특산물)를 찜통에 찐 다음 콩가루를 묻혀 주시면 그게 그렇게 맛있었다. 찬바람이 부는 늦가을엔 밤나무 밑에 아람이 떨어지면 간드레불을 켜고 아람을 주웠다. 이슬 먹은 밤톨을 화롯불에 넣으면 픽픽 소리 나게 입을

벌리며 익었다. 뜨거운 밤톨을 이손 저손으로 옮겨가며 후후 불어 동생들 입에 쏙쏙 넣어주곤 했던 기억이 난다.

내가 자라 결혼을 하고 자식을 낳은 뒤에는 열심히 아이들 간식을 만들어 먹였다. 헌데 어찌된 일인지 우리 아이들은 서양식 비스킷을 만들어주어도 그다지 반가워하지를 않았다. 우리의 한식 밥상과 가까이 하며 자라서인지 주전부리보다는 밥을 좋아했다. 그 중에 우리 아이들이 좋아하며 즐겨 먹던 간식이 있으니, 바로 '풀떼기'다. 묽은 미음 같은 죽을 이르는 풀떼기는 3대에 걸쳐 전해 내려오는 우리 집 음식이다. 나의 손자들도 좋아할 정도이니 입맛은 대물림되는 것이 맞다.

군대 간 손자에게도 할머니 어릴 적 먹던 음식에 대해 가끔 일러준다. "할미 어릴 때는 비 오는 날이면 호박범벅풀떼기를 먹었단다."

풀떼기 이야기를 한바탕 풀어놓으면 요즘 아이들도 흥미로워할까? 진달래, 개나리, 빨간 뱀딸기, 뽕나무 열매 오디, 벗나무 열매 버찌……. 화사한 색으로 수놓인 봄잔치에 풀떼기가 빠질 수 없다. 달콤하고 상큼한 풀떼기를 만들어 유리잔에 색색으로 담아 꽃물을 먹이는 일은 생각만으로도 정말 행복하다. 아래 몇 가지 풀떼기를 모아 설명해둔다.

앵두풀떼기

앵두는 오월 단오가 지나면 새빨갛게 익는다. 그것을 따다가 으스러지지 않게 살짝 씻어 건져 물기를 잘 빼고 동량의 설탕에 재워둔다.

설탕이 녹으면 냉장고에 넣어 1년을 두고 먹을 수 있다. 이렇게 만든 앵두청으로 빨간 풀떼기를 쑤면 맛있다.

물 1/2컵에 찹쌀가루 2큰술을 풀어 끓인다. 색이 말갛게 익으면 앵두청 1컵을 넣고 살짝 더 끓인다. 앵두 말린 것을 두어 개 썰어 띄워주면 보기 좋다.

망고풀떼기

잘 익은 망고 1개를 과육만 발라내고 한라봉 1/2개를 속껍질까지 벗겨 믹서에 함께 넣고 간다. 물 1/2컵에 찹쌀가루 2큰술을 넣어 끓이다가 망고 간 것을 조금씩 넣으며 섞는다. 싱거우면 소금을 아주 조금만 넣어 간을 맞춘다.

해초풀떼기

곰포와 생미역을 2줄기씩 준비해 소금물에 데쳐 찬물에 헹군 다음 송송 썬다. 브로콜리 50g을 소금물에 데쳐 푹 익혀 곰포, 생미역과 함께 믹서에 넣고 물 1/3컵을 부어 간다. 체에 곱게 내려둔다. 물 1컵에 찹쌀가루 2큰술을 풀고 끓여 말갛게 익으면 곰포, 미역, 브로콜리 간 것을 넣고 한 번 더 끓여 풀떼기를 만든다.

제비꽃빛 풀떼기

여름에 잘 익은 오디와 블루베리를 섞어 설탕에 재워 달큰한 보라색 청을 만들어둔다. 물 1/3컵에 찹쌀가루 2큰술을 풀어 끓이다가 오디

와 블루베리즙 1/2컵을 넣고 끓이면 제비꽃처럼 고운 보랏빛 풀떼기
가 된다.

흰색 풀떼기

감자 1개, 양배추 30g, 양파 20g을 찜통에 쪄낸 다음 믹서에 넣고 우
유 1/3컵과 함께 간다. 냄비에 물 1/3컵, 찹쌀가루 2큰술을 풀어 넣
고 중불에서 끓인다. 찹쌀가루 1~2큰술을 넣어 농도를 맞춘다.

풀떼기나 죽을 쑬 때는 나무주걱을 쓴다. 나무주걱은 냄비 바닥과 수직이 되도록
세워 천천히 저으며 끓인다. 바닥에 내용물이 눌어붙지 않도록 주의한다. 냄비는
코팅이 된 법랑냄비면 좋겠다.

편식 습관은 엄마한테서 나온다

시장을 보러 가면 본능적으로 내가 좋아하는 것들에 눈길을 빼앗기기 마련이다. 예전에 나는 어른들이 즐겨 드시는 품목이 첫째였고, 둘째는 아이들이 좋아하는 것이었다.

요즘은 아이가 첫째이고 어른은 뒷전이 된다고 들었다. 게다가 장을 보는 주체인 주부가 싫어하는 식재료는 피하게 되니 식구들 모두 좋아하는 재료가 골고루 구비되려면 일부러 신경을 써야 한다.

식구마다 식성이 다르니 어느 주부는 나물 하나도 식구에 따라 따로 따로 무쳐야 한다고 했다. 음식에 간을 할 때도 누구는 깨소금을 절대로 넣으면 안 되고, 누구는 들기름을 좋아하지 않고, 또 누구는 설탕을 넣지 않고……제각각이다. 매일 식사를 준비해야 하는 엄마 입장에서 이만저만 괴로운 일이 아니다.

좋아하는 음식만 먹다 보면 우리 몸에 꼭 필요한 '제철음식'을 먹을 기회를 놓치게 된다. 특히 엄마에게 편식하는 습관이 있는 경우에는 아이들에게까지 영향을 미치니 더욱 주의해야 한다. 무의식중에 편식을 하고 있다면 아이를 위해서라도 식습관을 고쳐 아이가 보는 앞에서 음식을 골고루 맛있게 먹도록 노력한다.

어려서부터 입맛이 까다롭고 밥을 쉬 뱉거나 잘 먹지 않으려는 아이가 있다. 이럴 때는 젓국찌개처럼 감칠맛 도는 음식으로 식사를 유도하거나 예쁜 색과 무늬의 그릇으로 아이의 관심을 끌어보는 것이 필요하다. 또 음악을 틀어 주면 경중경중 뛰면서 즐겁게 먹는 아이도 있으니, 엄마는 아이를 잘 관찰하여 음식과 친해지도록 한다.

편식과 잘 안 먹는 습관을 고쳐주어야 아이가 건강하게 자라는 것은 물론, 성격도 원만하게 형성되어 잘 자랄 수 있다. 아이들은 흥이 나면 평소에 싫어하던 것도 잘 받아들이니 염두에 두고 아이가 식탁과 친해지는 방법을 연구해보자. 아이가 좋아하는 것을 찾아 엄마의 지혜를 발휘하면 아이가 건강한 생활습관을 갖도록 도울 수 있다.

자연스럽게 맛 익히기

"우리 할머니 제사상에는요, 곤쟁이젓깍두기에 밥 비벼 올려놓고요, 배 깎아 놓고, 복숭아도 놓을 거예요."

손녀딸 윤우가 네 살 때 한 말이다.

나는 별나게 곤쟁이젓깍두기를 좋아한다. 그래서인지 내 자식에 손자들까지도 모두 곤쟁이젓깍두기에 밥 비벼 먹는 것을 즐긴다. 곤쟁이젓은 아주 자잘한 새우로 담근 것으로 새우젓보다 못한 것으로 친다. 이 곤쟁이젓으로 담근 깍두기는 서울 지역에서 별미로 먹는 김치다.

우리 집 아이들은 어려서부터 김치를 곧잘 먹었다. 아이들에게 김치를 먹일 때 물에 헹궈 준 기억이 없다. 그렇다고 태어나서 처음 보는 매운 김치를 입에 덥석 넣어주었다는 말은 아니다. 옛 어른들이 그랬듯이 아이가 자람에 따라 점차 여러 가지 음식 맛을 보여주다 보면 자연스럽게 김치도 먹게 된다.

아이가 엄마의 젖을 먹고 물을 먹다가 그 다음으로 접하게 되는 맛이 찝찔한 짠맛이다. 들척지근한 보리차만 마시다가 짠맛을 경험하게 되는 과정에서 육아법이 시작된다. 잇몸이 간질간질해지는 시기가 되면 아이는 이것저것 입에 물고 빨기를 시작하는데, 이때 어른들은 문어발을 주곤 했다. 잇몸을 단련시키는 일종의 예비 훈련이었다. 문어발은 달지 않으면서 살짝 찝찌름하여 아이들이 좋아할 수밖에 없다. 문어발을 통해 잇몸 자극과 더불어 찝찌름한 맛에 대해서도 알려준 셈이다.

아이가 젖을 한참 먹다 보면 혀에 백태가 낀다. 그럴 때는 솜방망이에 옅은 소금물을 묻혀 입 안을 닦아주면 좋다. 입 안을 개운하게 헹구는 것이기도 하지만 이 역시 짠맛에 대한 연습이다. 아이는 찝찌름한 맛을 느끼면서 입속이 시원해지는 것을 느껴 밥도 잘 먹게 된다.

이유식을 먹을 때 동치미국물로 입맛을 가시게 하고, 무짠지나 오이지를 곱게 썰어 짠맛을 한번 우려낸 다음 물에 담가 주는 것도 맛에 대한 연습이다. 이를 통해 아이는 옅은 염담부터 발효의 맛까지 느낄 수 있다. 이것이야 말로 가장 한국적인 맛이라 하겠다.

예민한 입맛을 가진 아이들에게 처음부터 김치를 먹일 수는 없다. 옛 어른들이 슬기롭게 취했던 방법에서 배워 아이 입맛을 잘 다스려 주는 것이 엄마의 역할이다. 아이가 자란 후에 다양한 음식의 맛을 알고 즐길 수 있다면 얼마나 뿌듯한 일이겠는가.

내가 자라온 집, '오현梧峴'. 지금은 '북서울 꿈의 숲' 안에 있다.

© Y.Zin(Y.Zin Studio)

옛 어른들은 영양학의 선구자

우리 집 들어오는 전나무길 오른 쪽에는 큰 밭이 있었다. 그 밭은 식구들이 일 년 동안 먹을 음식이 가득한 보물 창고였다. 밭에는 때맞추어 나온 제철 푸성귀들이 줄을 서 있었다. 밭둑엔 동부가, 고추밭 가장자리엔 내가 좋아하는 옥수수가 수염을 뽐내며 서 있었다. 상추와 쑥갓은 뒤 텃밭을 독차지 했고 그 한편에는 실파가 있었다.

오월 단오절이 되면 애오이가 우리의 약을 올리듯 따가운 가시가 돋은 채로 연두 중의 연두색을 빛내며 눈길을 사로잡았다. 그 오이를 갓 따서 한입 베어 물 때의 맛을 지금은 그 어디에서도 찾을 수 없다.

호박을 따지 못하고 때를 놓치면 늙은 호박이 되었다. 늙은 호박은 우리 집의 영양공급원이었다. 알뜰한 할머니는 꼭지까지도 버리지 않고 차로 만드셨다. 호박차는 달큰해서 먹기 좋았다. 늙은 호박을 무릎 사이에 놓고 놋숟가락으로 껍질을 북북 벗겨 반으로 가른 다음 씨를 빼서 신문지 위에 펼쳐 말린다. 이 씨는 번철에 볶아 까먹으라고 주셨다. 늙은 호박나물을 볶아 만든 국에 찬밥을 말아주시기도 했다. 달착지근한 그 밥은 내 입에 냉면보다도 맛있고 시원했다. 김장 때 늙은 호박을 도둑 도둑하게 썰어 무, 무청, 배추를 넣어 담근 석박지에는 민물새우를 넣고 호박짠지를 담그셨다. 한 겨울에 늙은 호박짠지로 찌개를 끓여 한 대접씩 앞에 놓고 흰밥을 말아 먹었는데, 그때 생각을 하면 지금도 입에 침이 고인다. 가을 비가 내리는 날이면 늙은 호박으로 풀떼기를 쒀 주셨다. 아기가 먹는 묽은 풀떼기는 아니고 강낭콩, 풋밤, 부둥팥을 넣어 섞어 만든 호박범벅이다.

이제 와 생각해보면 옛 어른들의 음식 하나하나가 영양적으로 완벽한 것이었음을 알 수 있다. 영양학을 전공한 나도 미처 알지 못했던 것들을 나의 어머니, 할머니, 할머니의 할머니는 알고 계셨던 것이다. 요즘처럼 영양에 관해 정리된 책이나 요리책을 보신 것도 아니면서 어떻게 철마다 식구들에게 맞춤 영양식을 해먹이셨는지 감탄할 수밖에. 밭을 꾸려 농사를 짓는 일도 참 신기한 일이다. 봉지마다 씨앗을 챙겨서는 밭을 구획하여 여기 저기 적당한 자리를 잡아 나누어 심을 생각을 어찌 하셨을까.

그러니 옛 어른들은 영양학의 선구자라 불릴 만하다. 요즘 사람들이 즐겨 먹는 음식들도 그 조리법이 다양하게 변화했을 뿐이지 재료의 영양이나 제철 먹어야 하는 음식, 갈무리해 보관해두고 먹는 법 등은 모두 오랜 세월 이어져 내려온 것이다.

교감하고 정情 나누는 옛 아기 놀이 백일 즈음 뒤

집기를 하고 나면 아이의 움직임은 눈에 띄게 활발해진다. 식구들이 빙 둘러앉아 아이를 가운데 두고 "엄마, 엄마!" 찾으라고 하면 배로 엎드려 바닥을 쓸어가며 기어와서는 정확히 엄마를 찾는다. 아이의 운동이 시작되는 시기이다.

옛날부터 아이의 운동은 집안 어른들이 도맡아 했다. 배밀이, 쥐암쥐암, 부라질, 시상시상……. 아이가 간신히 일어서면 증조할아버지께서는 두 손을 아이의 겨드랑이 밑으로 쫙 펴 넣어 붙잡고는 "불불 불어라, 불아 딱딱 불어라!" 하시며 양쪽으로 흔들흔들, 한쪽 발씩 번갈아 들리도록 하여 아기의 양쪽 발에 모두 힘이 들어가도록 다리 운동을 시키셨다.

이처럼 우리의 전통놀이는 아이의 행동발달 상황에 맞게 매우 과학적이고 세밀하다. 외국에서 들여온 장난감을 잔뜩 쌓아놓고 놀게 하는 것이 우리의 옛 아기 놀이보다 좋을 수는 없다. 할머니나 할아버지가 아이와 함께 놀아주니 정이 돈독히 쌓이고 행복하고 안정된 정서를 주고받게 된다. 예로부터 전해 내려오는 아기 놀이 몇 가지를 알아두자.

첫째, 손가락운동이다. 아이가 기어 다니기 시작할 무렵부터 "쥐암쥐암" 하며 주먹을 쥐었다 폈다 하는 동작을 알려준다. 쥐암쥐암을 잘 하면 검지로 다른 쪽 손바닥을 찍는 "곤지곤지"도 가르친다.

둘째, 목운동을 해준다. 고개를 좌우로 돌리며 "도리도리"라고 하면 아이도 따라 한다.

셋째, 팔운동을 함께 한다. 아이를 앉혀놓고 두 손을 앞으로 뻗게 하여 손을 쥐고 앞뒤로 번갈아 당기며 운동을 시킨다. '시상시상' 노래를 불러준다.

시상시상·늙은 할아범이·마당을 쓸다가·돈 한 푼을 주워서·장에 가서 밤 한 말을 사다가·시렁 위에 얹었더니·머리 감은 생쥐가·들락날락 다 까먹고·벌레 한 톨 남긴 것을·가마솥에 삶을까·옹솥에 삶을까·찬칼로 깎을까·대까칼로 깎을까·껍질은 어멈 주고·번이는 아범 주고·정살은 너구 나구·달궁달궁 먹자·달궁달궁

넷째, 다리운동을 한다. 아이가 설 수 있을 때 아이 겨드랑이에 손을 펴서 넣어 받치고 아이와 함께 어른도 몸을 양쪽으로 흔들흔들하

여 아이가 자연스럽게 발을 한쪽씩 번갈아 들고 몸을 기우뚱 할 수 있도록 해준다. 어른들은 '부라질'이라고 하여 노래와 함께 놀이를 해주셨다.

불불 불어라, 불아 딱딱 불어라·이 쇠가 어디 쇤고·황해도 재령 쇨세

다섯째, 다리의 힘을 기르는 무등세우기를 한다. 남자어른이 아이의 양발을 한손에 모아 쥐고 손바닥 위에 아이를 세우듯이 들면 아이는 허리에 힘을 주고 똑바로 선다. 높지 않게 살살 들었다가 낮췄다가를 반복하며 아이의 평형감각과 힘을 길러준다.

단, 아이의 관절이 다치지 않도록 주의를 기울이고 놀이를 겸해 운동하는 내내 아이에게서 눈을 떼지 않는다. 아이의 운동 발달 정도를 세심하게 관찰하고 적절하게 시기별로 운동하도록 한다. 절대 무리하지 않도록 하자.

첫돌과 생일

아이가 태어난 지 1년이 되면 돌상을 차려주었다. 돌상은 남자와 여자 아이에 차이가 있다. 기본적으로 남여 모두 붉고 둥근상을 사용하고 상에 흰쌀 한 말을 넉넉하게 간다. 쌀은 부자로 살라는 의미로 상을 모두 덮을 정도로 깐다. 아이가 앉을 자리는 푹신한 방석이 아니라 광목을 필로 사다가 놓아야 한다. 아직 혼자 앉는 것이 불안하여 아이가 푹신한 곳에 앉으면 기우뚱 넘어지기 쉬우니 탄탄한 광목 필에 올려 앉혀야 한다. 광목이 기니까 오래 살라는 의미도 담고 있다. 숟가락은 놓지만 젓가락은 자칫 찔릴 수 있어 놓지 않는다. 흰밥을 수북하게 담아놓고, 국그릇에 삶은 국수를 수북하게 담는다. 국수는 국물이나 양념 없이 삶은 것만 담으면 된다. 뜨거운 국물은 아이가 엎지르면 다칠 수 있어 놓지 않는다. 미역국도 놓지 않는다. 갖은 과일을 놓고 남자아이는 백설기와 수수경단을 놓는다.

그 외에 남자아이 상에는 무명실타래, 지전(동전은 삼킬 수 있으므로 종이로 된 돈만 놓는다), 천자문, 붓, 활 등을 놓는다. 돈은 부를 의미하고, 천자문은 글 잘 읽으라는 뜻이고, 붓은 글씨 잘 쓰라는 뜻이고, 활은 용맹하기를 바라는 뜻이다.

여자아이 돌상은 역시 붉은색 원형 상에 쌀 한 말을 깔고 광목을 필로 쌓아 앉을 자리를 한다. 국수, 밥, 숙주나물을 놓고 떡은 무지개떡, 수수경단, 송편을 놓는다. 송편은 특히 손재주 있으라고 놓는 떡이다. 과일을 골고루 놓고 책, 붓, 색실을 놓는다. 여자아이는 손재주가 있기를 바라는 마음에 침척(바느질고리)을 놓고, 오색의 색종이를 돌돌 말아 놓는다.

돌 이후 아이의 생일상에는 미역국과 흰밥을 놓고 아이가 열 살이 될 때까지 백설기와 수수경단을 해주면 좋다고 하였다. 돌에 떡을 해

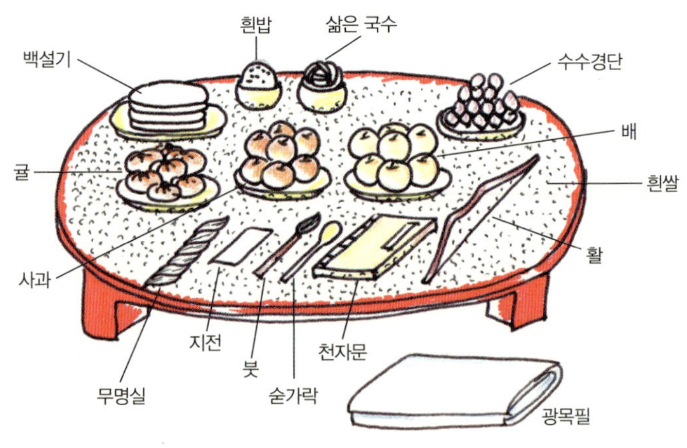

남자아이 돌상

주지 않으면 아이가 잘 넘어진다는 속설이 있어서인지 아이가 자주 넘어지면 어른들은 떡을 해주라고 말씀하셨다. 생일상이라고 하면 으레 미역국을 당연하게 생각하는데 사실 전통적으로 생일날 먹는 국은 '곰국'이다(특히 어른 생신 상에는 곰국을 올려야 하는 것을 기억해두자). 그 외에는 아이가 좋아하는 것과 태어난 계절에 맞춰 맛좋은 음식을 위주로 놓는다.

생일은 아이 자신의 날이다. 이 날만큼은 아이가 특별함을 느끼게 해주도록 한다. 우리 집에서는 생일이면 아이를 혼낼 일이 있어도 혼내지 않으셨다. 아침부터 그 아이가 좋아하는 음식을 정성스럽게 차려내어 특별히 상에 오른 반찬을 보면 오늘 누구의 생일이구나, 알 수 있었다.

여자아이 돌상

남자아이 남자아이는 '풍차바지'와 '색동저고리'를 입힌다. '조끼'를 입고 끈으로 맨 다음 '복건'을 쓴다. 버선은 손으로 누빈 '타래버선'을 신고 신발은 가죽으로 만든 '태사신'을 신는다. 색동으로 된 '두루마기'까지 갖추면 정장이 된다. 남자 아이의 돌띠는 푸른색 띠에 복주머니가 달려 있다. 풍차바지는 돌 한복에 꼭 하는 것은 아니지만 평상시 아래가 트여 있어서 아이들이 기저귀 떼는 연습을 할 때 유용하다. 급하게 볼일을 보게 할 때 바로 앉힐 수 있어서 좋다.

남자아이 돌 한복

여자아이 돌 한복

여자아이 여자아이는 오른쪽으로 둘러 '치마'를 입고 '색동저고리'를 입힌다. 머리에는 '조바위'를 쓴다. '타래버선'을 신고 신발은 '비단 신'을 신는다. 여아의 돌띠는 붉은색 띠에 색색의 복주머니가 달려 있다.

엄마는 최초의 선생님

아이에게 최초의, 그리고 최고의 교육자는 바로 '엄마'다. 아이가 가장 먼저 따라하는 말이 엄마가 하는 말이고 아이는 엄마의 행동을 흉내 내면서 성장해나간다. 게다가 엄마의 감성은 아이에게 고스란히 전해져 아이의 마음 밭에 영향을 미친다.

"구뚜름한 칼싹둑이 먹으러 나오너라~"

우리 어머니가 큰 소리로 부르시면 방에 있던 우리 형제들은 냉큼 달려 나와 어머니 곁에 모여 앉아 칼국수를 먹었다. 얼른 나와야 네 몫을 차지할 수 있으니 재빨리 나오라는 암시였다. 그 말씀도 참 맛깔나게 하셔서, 그냥 칼국수가 아니라 '구뚜름한'이 꼭 앞에 붙었다. 그 맛이 참 구수하다는 어머니의 표현이다.

우리 집에서는 칼국수를 칼싹둑이라 불렀다. 이처럼 부사와 형용사를 잘 쓰시는 어머니 덕분에 우리 형제들은 다양하게 사물과 감정을 표현하는 법을 자연스레 익혔던 것 같다. 많은 식술들을 이끄느라 분주하게 상을 보시면서도 늘 부사와 형용사를 사용하여 식탁을 정감 있고 더욱 풍성하게 만드셨던 어머니 생각이 난다. 그 사람만의 표현은 바로 그 사람의 주관을 나타낸다고도 할 수 있다. 음식에 대한 어머니만의 여러 가지 꾸밈말과 단어들은 바로 어머니의 생각과 철학을 담은 것이다. 이를 듣고 자란 우리들도 어느 새 많은 부분에서 어머니의 가치관을 닮아 있을 것이다.

이렇듯 엄마는 최초의 선생님이 되어 아이에게 많은 영향을 주므로 표준어를 써야 하고 행동도 항상 신중하고 바르게 해야 한다. 일찍 일어나 몸단장을 단정히 하고 어른께 문안인사 드리는 법을 보여준다면 아이는 자연스럽게 예절을 익힐 수 있다.

엄마는 항상 웃는 낯으로 아이를 대해야 한다. 밥하기 힘이 들다고 찡그리면 아이에게 좋을 것이 무엇인가? 밥할 때는 음악을 틀고 즐거운 마음으로 하기를 바란다. 사람은 먹어야 산다고 하니 귀찮아도 음식은 매일 만들어야 할 일인데, 내가 좋아하는 음악을 틀어놓고 하면 기분이 좋아서 저절로 음식이 맛있게 된다는 의미이다.

"지긋지긋한 밥을 할 시간이 또 돌아왔다"고 괴로워하는 주부들을 종종 본다. 얼마나 몸이 고달프면 그러겠는가. 그 먹고 사는 문제가 달린 소중한 끼니를 원수같이 느끼는 것은 불행한 일이 아닐 수 없다. 그러니까 음식 하는 사람도 즐겁고 먹는 사람도 더 맛좋고 정성 가득 들어간 음식을 맛볼 수 있는 방법으로 어머니는 음악을 들으며 요리하는 지혜를 짜낸 것이다.

실제로 나는 여태껏 내 주방에서 요리할 때만큼은 음악을 틀어놓는다. 더운 날은 시원한 음감의 모차르트를 듣고, 손님상을 준비할 때는 조용한 리듬의 클래식을 고른다. 퇴근 후 저녁 준비를 할 때는 종일 피곤했던 몸과 마음을 새로운 에너지로 채울 수 있는 곡을 찾았고 아이에게 젖을 먹이던 때에는 가볍고 즐겁게 들을 수 있는 클래식이 좋았다. 울적한 날이면 요즘도 바이올린 곡을 틀어 기분을 밝게 끓어 올린다. 음악가는 아니지만 음악은 살면서 고달픈 순간순간에 보약과 같이 나를 위로하고 나에게 용기를 주는 좋은 처방이었다.

내 어머니가 물려주신 삶의 지혜들은 내가 살아오는 동안 나의 몸과 마음에, 생활습관에, 일을 해결하는 방식에까지도 영향을 미쳤다. 어른 말씀 중에 보물이 들어 있음은 의심할 필요 없는 진리인 것이다. 이 글을 읽는 여러분 또한 자식에게 좋은 모습, 좋은 생각을 물려주도록 스스로를 되돌아보고 점검해야 한다.

<u>인득 할머니</u> 아이를 잘 기르자고 육아에 관해 일러줄 것들을 골라내고 음식은 어떻게 먹이는 것이 좋다는 레시피를 적다보니 옛날 생각이 나서 내 어릴 적 이야기를 하나 해보려고 한다. 어린 나를 곱게 잘 길러주신 인득 할머니에 관한 이야기다.

백여 명의 식솔을 챙겨야 했던 우리 어머니 대신 나를 키워준 사람은 눈가에 커다란 검버섯이 있던 인득 할머니였다.

부엌에서 둥근 짚방석에 나를 앉혀 놓고 젓국찌개도 떠먹여주시고, 젓가락에 알타리무도 끼워주셨다. 내가 여태까지도 알타리무를 젓가락에 끼워 먹는 것은 다 인득 할머니 때문이다. 인득 할머니 품이어야 잠이 들고 인득 할머니가 밥을 줘야 먹었으니 할머니 없이는 못 살았다. 지금도 어머니보다 인득 할머니 품이 더 생각난다. 할머니는 꽤 엄하셨는데 나에게만은 한없이 후하셨다. 내가 품에 있을 때 나의 동생들이 다가오면 밀어내고 나를 돌보셨다. 김치를 작게 찢어 내 입에만 넣어주고 제사상에서 웃기를 집어다가도 나에게만 주셨다. 지금으로 말하자면 유모할머니라 하겠다. 내가 자식을 키울 때나, 내 자식이 또 그 자식을 기르는 모습을 볼 때면 두고두고 할머니 생각이 났다.

5~6세 이후에 나는 원서동 외가에서 커서 그 후로는 만난 적도 없는데 지금까지 할머니 생각이 나는 것을 보면 정이 참 깊었던 것 같다. 할머니를 떠올리면 생각나는 음식도 죽 읊을 수 있다. 아랫마루에 씨도리김치, 거름방 무쇠솥에 끓인 배추속대국, 국처럼 묽은 무새우젓 지지미. 뭐든지 귀했던 시절이라 찹쌀로 만든 찹쌀고추장은 할아버지 진지상에만 올라가는 귀한 것이었다. 멀건 밀고추장에 비하면 달고 찰진 찹쌀고추장은 고급 중에 고급이었다. 그 귀한 고추장이 나에게는 허락되었으니, 인득 할머니가 우리 어머니 몰래 한 숟가락 퍼와서는 내 밥에 썩썩 비벼주셨기 때문이다. 어머니에게 행여 들킬까 나를 팔 사이에 끼고 얼른 얼른 먹였다. 그 맛을 잊을 수가 없다. 나는 밥을 정말 좋아해서 밥 없이는 못 사는 아이였는데, 총각무김치가 폭삭 익어 시어지면 이틀 동안 물에 담갔다가 건져 들기름을 살짝 넣고 푹 익혀 물 말은 밥에 곁들여주셨다. 이 모든 추억들이 지금도 내 마음 속을 따뜻하고 풍성하게 채우고 있다. 할머니의 이런 보살핌을 기억하고 아이를 기를 때나 손님을 대접할 때 정성껏 진심을 다해 음식을 만들어내는 지도 모르겠다.

세상의 모든 어머니가 자식에게 이렇게 기억되어야 하는 것 아닐까. 그렇게 대를 물려 내려가면 좋은 어머니와 그로부터 잘 배우고 자란 자식이 세상에 가득할 것이기에.

<u>상상력을 길러주는 옛날이야기</u> 우리 어머니는 실

감나는 표현을 곁들여 옛날이야기를 참 잘하셨다. 어머니의 옛날이
야기는 라디오보다 재미있고 흥미로웠다. "옛날 옛날에~" 하며 이야
기가 시작되면 벌써 눈이 커지고 두근두근 가슴이 뛰었다. 동생들과
내가 제일 좋아했던 귀신이야기가 있는데 지금도 그 생각만 하면 간
담이 서늘해진다. "그때 다락문이 스르륵~" 하는 대목에서는 벌써 너
도 나도 이불 속으로 들어가 부둥켜안고 난리였다.

아이를 키우는 동안 옛날이야기는 책 읽기와 별개로 꼭 해줘야 한
다. 눈앞에 그림과 글씨를 두고 읽어주는 책과 달리 이야기는 아이
의 상상력을 무한대로 자극하기 때문이다. "꼬부랑 할머니가 산을 넘
어가고 있었대" 하면 아이들은 머리속으로 그림을 그리기 시작한다.
라디오에서 물이 '철썩' 하는 소리를 들으면 바다를 상상하듯이 엄마
이야기를 들으며 아이는 상상을 하고 기획을 한다. 이야기를 하는 엄
마도 아이와 함께 그 속으로 푹 빠져들게 된다. 엄마와 아이가 교감

하며 몰입하는 순간이다. 흥미로운 대목에서는 엄마도 아이도 동공이 커지면서 서로를 뚫어져라 바라보기도 하고, 슬픈 이야기에는 껴안고 눈물을 흘리기도 한다. 감성이 함께 자라나 정서적으로도 풍족한 아이가 된다. 억지로 감정을 주입하거나 무엇을 배워야 하는지 일러줄 필요가 없다. 마음씨를 곱게 가지라는 인성교육 이야기도 해주고 권선징악도 가르쳐준다. 아이들이 상상하며 이야기 끝을 훈훈하게 마무리하면 이 또한 주도적인 스토리텔링 교육이 된다.

인성은 선천적으로 물려받기도 하지만 후천적으로 깨닫고 느끼며 배우기도 한다. 습관을 들이고 버릇을 옳게 가지며 옳은 판단을 하게 되는 것은 후천적인 일이다. 이야기는 아이의 언어와 표현력도 길러주지만 이처럼 정서적인 교육 효과도 있으니 엄마가 되면 옛날이야기 몇 가지쯤은 꼭 가지고 있도록 하자. 옛날이야기 시간에 형성된 엄마와 아이의 애착은 아이가 자라는 동안 엄청난 자양분이 되어 좋은 영향을 미칠 것이다.

이야기 하나. 꼬부랑 깽깽 할머니와 호랑이

옛날 옛날에 꼬부랑 깽깽, 꼬부랑 깽깽 할머니가 지팡이를 짚고 꼬불꼬불한 산을 넘어가고 있었대. 그런데 눈이 부리부리한 호랑이가 어슬렁어슬렁 다가 오더란다. 뒤에서 어슬렁어슬렁, 앞질러 가지도 않더래. 이 할머니는 호랑이가 무서워서 돌아보지도 못해. 그저 꼬부랑 깽깽 꼬부랑 깽깽 고개를 넘어가는데, 날이 어두워서 앞도 보이지 않는 거야. 그런데 호랑이가 부리부리 눈에 불을 켜고는 할머니를 바짝 따라왔어. 아이구머니나. 겁이 났겠지. 그런데 가만 보니 호랑이가 눈에 부리부리하게 불을 켜줘서 앞이 환하게 보이더래. 호랑이는 어슬렁어슬렁 할머니 뒤만 쫓고. 호랑이가 할머니가 넘어질 까봐 눈에 불을 환하게 킨 거래. 그래서 이 할머니는 돌부리에 걸리지 않고 무릎으로 산길을 잘 내려왔대. 호랑이가 없었다면 할머니는 돌부리에 채여 코피가 났겠지? 허방에 빠져 허우적댔을지도 모르지. 그럼 얼마나 아팠을까. 착한 호랑이를 만나서 참 다행이지? 다 내려오니 할머니는 호랑이가 무섭지도 않더래. 호랑이 덕분에 집까지 잘 왔단다. 사람 잡아 먹는 무서운 호랑이라고 생각했는데 그런 착한 호랑이도 있었단다.

이야기 둘. 담이 센 원님

어느 고을에 외딴집이 하나 있는데 빈 집이라 사람이 살지 않았대. 이 집은 멀쩡한데도 사람이 들어가서 자면 다음날 꼭 죽어서 나오는 거야. 동네 사람들이 아침이면 곡괭이를 들고 멍석을 들고 송장을 치우러 들어가야 했대. 사람들이 죽어나오니 무슨 연유인가 하고 고을 원님도 그 집에 들어갔었는데, 다음날 죽어서 나왔다지 뭐야. 그 다음에 온 원님도, 다음에 온 원님도 다음날이면 사람들이 치우러 들어가야 했대. 더 이상 그 고을로는 벼슬을 준다고 해도 사람들이 가지 않으려 했지. 근데 어느 날 새로 부임한 원님이 자기가 그 집에 들어가겠다고 했어. 늠름한 원님은 그 집 안방으로 들어가 책을 펴고 읽기 시작했어.

　귀신은 밤 12시가 되어야 나타나. 그 전에는 인가에 나타나지 못해. 12시는 모든 삼라만상이 잠을 자는 시간이지. 쥐도 자고, 괭이도 자고. 그 원님은 12시가 되도록 책을 읽었어. 뭣이 나타나서 사람을 죽이느냐 생각하며 글을 읽었지. 드디어 12시가 되었어. 그러자 다락문이 스르륵 요만큼 열리는 거야. 그런데도 원님은 천연덕스럽게 "하늘 천, 따 지" 하며 글만 읽었어. 다락문이 스르륵, 사람이 나올 만큼 열리더래. 그러더니 거기서 하얀 치마저고리를 입고 머리를 푼 여자귀신이 나타나더래. 원이 꿈적도 안하고 있으니까 귀신이 원 옆으로 가더니 빼꼼히 얼굴을 들여다보더래. 원은 그래도 꿈적 안했지. 그러자 원님 다리 한 쪽을 쑥 빼더니 다리를 베고 드러눕더래. 여자귀신이 남자를 홀리는 거지. 다리를 베고 누워서 쳐다보는 거야. 언제 눈을 마주칠까 하고. 귀신이랑 눈이 마주치면 죽는 거야. 그래도 원님은 글을 읽으면서 방안의 화로만 매만졌대. 화로가 새벽까지 타려면 화로의 재를 인두로 꼭꼭 눌러서 다져놔야 하거든. 원님은 인두로 재를 꼭꼭 누르기만 했어. 그러다가 뜨거운 인두를 귀신 뺨에다가 칙~ 하고 대버렸지 뭐야. 그랬더니 "아이고 뜨거워!" 하고 귀신이 다시 다락으로 쏙 들어가 버렸대.

　아침이 되자 동네사람들이 괭이에 가마니를 들고 들어왔어. 들어온 사람들은 원님을 보고 깜짝 놀라 기절을 했지. 죽어있을 줄 알았던 사람이 살아 있으니까. 이게 어찌된 일입니까, 어찌 살아계십니까 난리가 났어. 그랬더니 원님이 "다락문을 열어라" 하시더래. 사람들

이 벌벌 떨며 못 여니까 다시 "다락을 열어라" 하더래. 덜덜 떨며 다
락을 열어보니 다락이 굉장히 넓더래. 아무것도 없는데 저 뒤에 큰
관이 하나 있는 거야. 뚜껑은 꼭 닫혀있고 말이야. 원님한테 "사람은
없고 대신 관이 있습니다." 했대. 원이 가서 보니 관 뚜껑에 인두 자
국이 꾹 눌려 있더래. 관을 열자 그 안에 반짝반짝하게 은그릇이 가
득 들어 있는 거야. 그것이 세상에 나와 빛을 발해 만인간에게 보였
어야 되는데, 어떤 연유인지 관에 들어가 빛을 보지 못하니 역귀가
된 거야. 누군가 거기에 보물을 넣어 놓고는 죽어버렸는지 주인이 없
어지자 아무도 알아주지도 않고 묻혀 역귀가 된 거지. 금은보배는 사
람들에게 보여야지 묻어두면 안 된다는 거야. 땅 속의 옥도 꺼내야
보배지. 그걸 알리려고 역귀가 나왔던 건데 사람들이 그걸 모르고 자
지러진 거지. 그 원님 덕에 금은보화가 나왔으니 마을 사람들은 서로
나눠 가져 부자가 되었고, 담이 센 원님은 나라에서 불러 더 큰 관직
을 얻어 큰 인물이 되었대.

이야기 셋. 갓바위의 전설

이 이야기는 할머니의 외가에서 들은 이야기야. 우리를 키워준, 충주
에서 온 할머니가 계셨는데, 그 동네에 갓바위라는 곳이 있대. 그곳
에서 있었던 이야기래.

　옛날 옛날에 저 멀고 먼 고개를 넘어가면 충주라는 고을이 있거든.
거기는 길도 큰 것이 없어서 지게를 지고 다녔어. 그런데 거기 머리

에 이가 많아서 머리가 가려워 살 수 없다는 할머니가 있었어.

그 할머니는 먹고 살 돈은 있는데, 머리에 이가 많아 살 수가 없다는 거야. 어느 날 할머니는 동네 사람들을 모아두고 말을 했어. "내 머리에 이를 다 잡아주는 사람에게는 쌀을 한 말 주겠다." 그랬더니 약삭빠른 한 여자가 "제가 이를 다 잡아드릴게요." 하고 나섰어.

사실 늙으면 머리에 이가 있어서가 아니라 피가 말라 몸이 가렵다고 하지. 그래서 몸도 긁고 머리도 긁고. 그런 줄도 모르고 이 할머니는 이 때문이라고 생각한 거야. 그런데 약삭빠른 여자는 그걸 안 거지. 이는 없겠고, 저 할머니가 몸이 말라서 가렵구나 하고 말야.

그 여자는 할머니 집에 갈 때 허리춤에 들깨 한 줌을 싸서 갔어. 할머니를 무릎에 눕혀 놓고는 들깨 한 알을 꺼내 손톱으로 톡 깨뜨렸어. 그러면 할머니는 "어이구 시원해. 어이구 시원해." 라며 좋아했지.

들깨 한 줌을 거의 다 쓰도록 이를 잡았다고 한 여자는 일어서면서 들깨가루를 툭툭 쳐내며 "아이고, 이가 이렇게 많았어요. 이제 다 잡았어요." 하며 거짓말을 했어. 그래도 할머니는 자기 이를 다 잡아준 줄만 알고 고마워서 쌀 한 말을 줬지.

냉큼 받아든 여자가 쌀을 들고 그 집 중문을 나서는데 갑자기 시꺼먼 구름이 남쪽에서 쳐들어오더니 우지끈 툭탁 하고 벼락을 치더래. 벼락이 여자를 냅다 안아다가 산속에 틈이 갈라진 바위가 있는데 그 속에 끼워버렸대. 그 바위가 갓바위라는 거야.

갓바위 사이에 낀 여자는 꼼짝도 못했대. 동네 사람들이 지나가다가 그 여자를 보고는 혀를 끌끌 차며 먹을 것을 던져주면 그걸 겨우

받아먹으며 지냈대. 갓바위에서 고생 고생한 여자는 뉘우치고 또 뉘우쳤대. '그 할머니에게 거짓말을 해서 내가 벌을 받는구나, 꾀를 쓰지 말걸……'. 며칠 동안 눈물을 흘리며 사죄를 하자 꼼짝도 못하게 조여오던 갓바위가 거짓말처럼 스르륵 벌어지더래.

자기 죄를 뉘우친 여자는 간신히 몸을 빼내고는 할머니에게 찾아가서 자신이 거짓말 했던 일을 사과하고 용서를 빌었어. 그 후에는 동네 사람들이 모두 인정할 정도로 착하게, 곱게 살았다고 하는구나.

충주에 가면 지금도 갓바위가 있어. 바위와 바위 사이가 벌어져 있어서 악한 짓을 하면 갓바위로 잡혀간대. 그래서 갓바위가 있는 지역은 나쁜 사람이 없다고 하는 거야. 마음을 항상 착하게 갖도록 해. 남을 속이는 일은 나쁜 거란다.

우리 집 새해놀이, 윷놀이

우리 집은 새해를 맞이하면 아래채에 아이들을 모아놓고 넓은 방석을 깔아 윷판을 편 다음흑백의 바둑돌을 4개씩 준비해 윷놀이를 했다.

도, 개, 걸, 윷, 모의 둥글둥글한 징검놀이로 뛰어넘어 앞으로, 앞으로 가면서 어떻게 가야만 빠른 지름길로 갈 수 있나 머리를 쓰며 빨리 도착하려고 신경을 곤두세웠다.

윷놀이라는 것이 말판도 잘 써야 하지만 운이 닿는 것이 정말 중요한, 희한하고 신 나는 놀이다. 모나 윷이 연거푸 나와서 금세 이기는 날에는 천하를 차지한 것 같은 쾌감이 있었으나 또 한편, 상대방을 너무 빨리 이겨버린 미안함에 때로는 양보도 해가면서 놀았다.

윷놀이 말판은 으레 삼촌들이 먹으로 써서 그렸다. 네모난 구석 '모' 자리에는 '입入'을, 한가운데는 '방房'을, 나머지 구석에는 '공拱'이라고 썼다. 둘레 구석에는 '열裂'이라는 자가 쓰여 있고, 끝으로 나오는 곳에 '출出'자가 있었다. 말판 가운데의 '방房'은 동그라미 두 개를

겹쳐 그린 다음 그 안에 글자를 썼고, 나머지는 다른 말보다 큰 동그라미를 하나씩 그리고 그 안에 글자를 적었다.

나도 손자손녀들이 윷놀이를 하려고 "할머니! 윷판 주세요~" 하면 으레 지난 달력 한 장을 찢어 그 뒤에다 붓에 먹을 찍어 윷판을 그려주곤 했다.

언젠가 인사동에서 목각을 하는 곳에서 우연히 나의 둘째 삼촌인 일중 中 선생이 써서 만든 윷판과 윷가락을 만났다. 뛸 듯이 반가워 사가지고 와서는 정초에 아이들이 세배를 하려고 오는 날 꺼내놓는다. 박달나무로 만든 윷가락 소리도 좋고, 나무판에 딱딱 소리 내며 말이 움직이는 소리도 경쾌하다.

신이 나서 노는 동안 가족 간에 정이 쌓여가니 해마다 거를 수 없는 우리 집 놀이가 되었다.

아이 아저씨와 어른 조카, 올바른 호칭과 언어 습관

예전에는 한 마당에 8촌까지 같이 살던 대가족 시절이 있었다. 그 시절에는 촌수가 하도 다양하니 호칭이 서로 달라 어른들이 항상 바로 잡아 주신 기억이 난다. 그 호칭이 어긋났을 때는 불호령이 떨어지기도 했다.

조혼早婚을 하던 시절이라 시어머니와 며느리가 안방과 건너방에서 나란히 아이를 같이 낳기도 하여, 한 살 차이가 나는 작은아버지도 있고, 세 살이 아래인 고모도 있었다. 나 역시 그러하였다. 그러니 호칭은 바르게 불러야 했고, 말끝도 슬며시 흐려 "그랬우~" 하는 식의 반존칭어를 썼다. 나이 차가 5년 이상 되면 깍듯하게 존칭어를 썼다. 조카라도 나이가 들면 반말을 하지 못했다. 촌수가 높은 삼촌(3촌), 당숙(5촌)이 나이 든 조카에게 말을 할 때는 "~했지", "~ 그렇게 해" 하는 식으로 말을 했다. "~해라"처럼 강한 명령을 나타내는 말은 하지 않았다.

시대가 바뀌어 가족을 외국식 호칭으로 부르기도 하고(예를 들어, 부인을 와이프wife라고 부르는 것과 같이), 격에 맞지 않는 새로운 말로 부르기도 한다. 하지만 호칭만큼은 우리식으로 불렀으면 하는 바람이다. 다 자란 자식 앞에서도 남편을 오빠라고 부르고 시어머니를 엄마라고 부르는 것이 예사가 되고 있으니 듣기에 좋지 않다.

특히 남편을 오빠라고 하는 것은 절대 삼가 해야 하겠다. 남매 지간을 부부라고 하는 것이나 마찬가지다. 연애 시절 습관이 이어져 그렇게 되었다 하더라도 잘못된 습관은 고쳐 바로잡도록 하자.

한 가지만 더 당부하자면, 어른이 아이에게 말할 때도 되도록 존칭어로 시작하는 것이 좋다. "어서오세요", "이쪽으로 와 앉으세요". 할아버지가 손주에게 말할 때도 이렇게 하면 아이는 존중을 받는 것을 느끼고 오히려 스스로 깨달아 함부로 행동하지 못하게 된다. 언어로도 아이를 극진히 대해야 하는 이유이다. 어른이라고 해서 험하게 낮춰 말하는 것은 어른된 도리가 아니다. 아이에게도 존칭을 쓰는 것이 가도를 바로 잡는 어법임을 알아두자.

호칭을 바로 알고 우리식의 정감어린 호칭을 사용하다보면 점점 삭막해지고 있는 가정 내에서의 관계들이 안정되고 가정은 든든한 보금자리로 느껴질 것이다. 예의를 지킨다는 것을 고루하게 여길 것이 아니라 그로부터 시작될 따뜻하고 질서 있는 세상을 기대하며 지금부터라도 실천할 수 있다면 좋겠다.

시댁 식구에 대한 호칭

아버님/어머님 : 남편의 부모

할아버님/할머님 : 남편의 조부모

아주버님 : 남편의 형

형님 : 남편의 형수와 누님

도련님 : 남편의 미혼 동생

서방님 : 남편의 기혼 동생

작은아씨 : 남편의 미혼 누이동생(기혼자도 이렇게 부를 수 있다)

○서방댁 : 남편의 기혼 누이동생

○서방님 : 남편의 매부

며느리에 대한 호칭

며느리 : 시부모가 며느리를 직접 부르거나 남에게 말할 때

새아이 : 결혼한지 얼마 안 된 며느리를 시부모가 부를 때

○○에미, 에미 : 며느리가 아이를 낳으면 시부모나 조부모가 아이
의 이름을 붙여 말한다.

○○댁 : 시부모가 며느리를 지칭할 때나 친척에게 말할 때 아들의
이름을 붙여 말한다.

제수씨, 계수씨 : 동생의 아내를 부를 때

새댁, 올케, ○○어머니, 자네, 여보게 : 남편의 누님이 남동생의 아
내를 부를 때

손부, ○○댁 : 시조부모가 손부를 부를 때

질부 : 시백숙모나 시고모가 조카의 아내를 부를 때

자부 : 시부모가 며느리를 남에게 말할 때

며느님, 자부님 : 남에게 그 며느리를 말할 때

처가댁 식구에 대한 호칭

장인어른/장모님 : 아내의 부모

할아버님/할머님 : 아내의 조부모

처남/처남댁 : 아내의 남자 형제, 그의 아내

처형/형님 : 아내의 언니, 그의 남편

처제/○서방 : 아내의 여동생, 그의 남편

사위에 대한 호칭

너, 이름 : 장인이 사위를 부를 때

○서방 : 장모가 사위를 부를 때

사위 : 자기의 사위를 남에게 말할 때

서랑 : 남에게 그 사위를 말할 때

○서방 : 처형이나 처제, 손위 처남, 처의 백,숙 부모들이 부를 때

매부 : 처남이 매부를 통틀어 부를 때

매제 : 손위 처남이 손아래 매부를 부를 때

형부 : 처제가 부를 때

자형, 매형 : 처남이 부를 때

사돈 간의 호칭

사돈 : 남에게 말할 대

사돈어른 : 사돈을 직접 부를 때

사부인 : 안사돈이 나이가 많은 경우

사장 어른 : 사위나 며느리의 조부모 또는 형수나 누이의 웃대 어른을 부를 때

사장 : 사장어른을 남에게 말할 때

여보게, 자네, 군/양 : 사위나 며느리의 형제자매나 그 아랫사람으로 성년인 경우

사돈아가씨/사돈도령 : 사돈 집안의 처녀, 사돈 집안의 총각

자기 남편을 연상(어른, 스승)에게 말할 때의 호칭

"제 남편은요" (0)

"우리 집 양반은요" (X)

어른에게 남편을 말할 때 "제 남편"이라고 하는 것은 듣기 좋다. '우

리 집 양반'이라는 말은 아랫사람에게는 무방하나 윗사람에게는 실례다.

남편을 오빠라고 부르는 말

오빠는 친오빠(손 위에 있는 남자), 사촌오빠(아버지나 어머니 형제에서 나온 사촌이 손위였을 때), 육촌오빠를 부르는 말이지, 남편을 오빠라 할 수는 없다. 연애할 때 오빠는 촌수가 아니다. 더구나 시집가서 남편을 오빠라고 부르면 남매가 부부가 됐다니 망발이 아닐 수 없다.

아내의 이름을 부르는 경우

남편이 밖에서 아내의 이름을 부르면 실례가 된다. 반말도 듣기 거북하니 극존칭은 쓰지 않더라도 "그렇게 하지", "그랬소" 등으로 듣기 좋고 부드러운 어조를 쓴다.

'와이프'는 주관이 없는 말이다

남 앞에서 민망하지 않으려고 은유적으로 아내를 영문으로 '와이프 wife'라 칭하는 경우가 있다. 이 말은 주관이 없는 말 같다. 자존심, 자긍심이 부족한 남자의 행동이다. '내 아내', '집사람', '안사람'이라 부르는 것이 듣기 좋다.

000의 내자입니다

누구의 아내를 뜻하는 '내자'라는 단어로 자신을 말하면 부드럽고 정중하다. "처음 뵙겠습니다. ㅇㅇㅇ 씨 내자입니다."라고 부인이 손님에게 인사를 건네면 공손해보인다.

윗사람에게 남편을 올려 말하지 않는다

시어머니나 시아버님과 같이 어른에게 남편에 대해 말할 때 존칭을 쓰는 것은 잘못된 것이다. 시부모님에게 남편이 "지금 방금 나가셨는데요"와 같이 말하면 잘못된 것이다. "지금 방금 나갔습니다"라고 말해야 한다. 사회에서도 선배나 후배 앞에서 "우리 양반 나가셨는데요. 어디 가셨어요"와 같은 존칭어는 실례다. "어디어디 갔어요. 방금 나갔는데요."라고 하는 것이 적당한 대답이다. 자기한테 소중한 남편이지만 상대방 어른에게 말할 때 극 존칭어를 쓰는 것은 실례다.

초대하는 말

90세가 된 어른께 자기 남편 생신에 "오세요" 하고 초대하는 것은 실례다. 손위 사람에게는 청첩도 실례가 된다고 한다. 집안 어른께는 직접 가서 모시고 와서 "진지 잡수세요" 하고, "오늘이 애비 생일입니다"라고 말씀해드리는 것이 예의다.

친정 이야기를 늘어놓지 않는다

어른 앞에서 친정 얘기를 많이 하고 자랑을 하면 좋은 인상을 받을 수 없다.

나이가 위인 사람에게 자신의 직함을 붙여 말하지 않는다

"김○○ 선생이에요" "김○○ 이사입니다" 어른에게 전화로 말하거
나 서로 만났을 때 자신을 이렇게 소개하는 것은 실례다. "김00입니
다"라고 말하는 것이 옳다. 자신을 선생이라고 소개하는 것은 겸손
하지 못한 소개다.

음악과 웅변 내가 자랄 때의 기억을 더듬어 요즘 아이들에게는 꼭 길러주었으면 하는 것이 있어 이야기한다.

일제강점기에 태어난 나는 소학교(지금의 초등학교)도 가지 못하고 집에서 글을 배웠다. 나의 고조할아버지께서는 한일합방 때 일제 강점에 항거하여 자결을 하셨으니, 우리 집에서 자식들을 일본글을 배우는 학교에 보낼 리 없었다. 나와 내 형제들은 집에서 한글과 한문을 공부하고 소학과 같은 고전을 읽으며 자랐다.

유교적인 가풍이 지배적이었기에, 여자 아이는 큰 소리로 글을 읽거나 노래를 부르지 않도록 교육 받았다. 책 읽는 소리가 크게 들리면 무슨 소리냐며 어른들이 호통을 치셨다. 해방에 전쟁, 다시 휴전으로 이어진 격동의 시기를 거쳐 나는 이화여자대학에 입학했다. 하지만 집에서 그렇게 자란 탓에 다른 친구들과 어울려 노래를 부르거나 춤을 출 줄을 몰라 그때마다 어색하고 영 아쉬웠다.

사람들 앞에 서서 당당하게 노래를 부르고 또박 또박 자기 의견을 말하는 사람을 보면 한없이 부럽다. 그나마 40년 가까이 교사로 지낸 덕분에 발성은 되었으나 아직도 사람들 앞에 서는 일은 떨린다.

그래서 나는 요즘 아이들에게 자기 의견을 분명하게 말하는 법과 마음껏 음악을 접하고 노래를 하는 것을 권한다. 내 자식들을 키울 때도 나처럼 자라게 하고 싶지 않아 노래를 많이 들려주고 사람들 앞에서 발표하는 연습을 시키곤 했다.

아직도 기억나는 곡이 있다. 지고이네르바이젠*Zigeunerweisen*. 내가 집에서 아이들에게 자주 들려주던 곡이다. 곡이 시작되면 아이들은 다른 놀이를 하다가도 콩! 콩! 음을 타기 시작해 클라이맥스가 되면 건넌방에서 안방으로 쾅! 쾅! 쾅! 쾅! 박자에 맞춰 뛰어오던 아들 모습이 선하다.

작은 딸은 커다란 카세트 녹음기를 가져다 놓고 단상을 만들어 그 위에 올라 웅변을 하곤 했다. 얼마나 당차게 자기 이야기를 하는지 듣는 나도 신이 났었다. 그래서인지 초등학교 다닐 때에는 여자아이임에도 전교회장을 맡아 했다.

옛것에서 배워야 할 점들은 이어 받아 우리의 아이들에게 가르쳐야 하지만 바꿔야 할 것은 분명히 바꿔야 한다고 생각한다. 급변하는 시대를 살며 옛날 방식으로 키울 수만은 없는 일이다. 아이에게 소리의 자극이 얼마나 중요한지, 또 노래를 부르며 감정을 곱게 다듬는 것이 살아가는 데에 어떤 도움을 주는지, 사람들 앞에서 자기 의견을 당당하게 전달하는 것이 어떤 것인지 옛 어른들이 생각해보았다면 우리가 사는 세상이 좀 더 일찍 달라졌을 지도 모른다.

삶을 좀 더 윤택하게 만들고 사람들과 부대끼며 살아가는 데 필요한 용기를 길러주기 위해 엄마가 해줄 일은 무엇인지 생각해보자. 우리 아이가 자존감 강하고 여유로운 태도로 삶을 영위할 수 있도록 하기 위해서.

엄마는 눈이 네 개

아이가 단체생활을 시작하면 동료 사이에서 인정받을 수 있도록 사기를 북돋워주어야 한다. 이때는 선생님이나 엄마 모두 인생의 선배가 되어 아이가 이제 막 사회생활을 잘 해나갈 수 있게 도와야 한다.

유치원을 거쳐 초등학교에 이르는 동안은 단체생활에 익숙해지도록 훈련 받는 시기이다. 이 시기에 엄마는 아이에게 용기를 심어주고 아이 스스로 학교를 비롯한 사회생활을 잘 해나갈 수 있도록 다양한 분야에서 아이의 솜씨를 살펴 장점을 살려주려고 노력해야 한다.

일상생활에서 아이를 격려하는 몇 가지 방법을 일러둔다.

· 그림이나 글씨 등 아이의 작품을 벽에 걸어두고 인정해준다. 아이에게 희망과 용기를 심어주는 방법이다.
· 아이가 실수로 오줌을 싸면 엄마는 노여움을 표할 것이 아니라 옆집 아무개도 그랬다더라 하며 아이가 무안하거나 좌절하지

않도록 돕는다.

· '먹빛을 잘 헤아려 볼 줄 아는 사람이 글씨 잘 쓰는 사람보다 서
도書道에 더 통한다'는 말이 있다. 아이에게 감각이 있다면 이를
높이 사서 앞으로 더 발전할 수 있도록 해야 한다.

· 세상살이는 연애를 해본 사람이 사랑을 알고, 실수를 해본 사람
이 다시 일어설 수 있다. 다양한 경험을 통해 아이 스스로 성공
에 이를 수 있도록 격려하자.

아이 키울 때는 매일매일 긴장의 연속이다. 엄마가 다른 일을 하고
있더라도 눈과 귀는 아이에게 열려 있어야 한다.

다음의 주의사항은 잔소리 같지만 잠깐 방심하면 평생 불행할 수
있으니 절대 명심하라고 재차 부탁하고 싶다.

· 어린 아이들이 피해야 할 음식 : 찰떡, 수수경단, 떡은 아이가 목이
멜 수 있다. 뜨거운 국물, 직화로 구운 뜨거운 고기는 주지 않는다.
붕어, 준치와 같이 가시가 많은 생선은 피한다. 가시가 Y자형으로
생겨 목에 걸리기 쉽다. 땅콩은 목에 걸릴 수 있으니 주지 않는다.

· 뜨거운 불 옆, 화롯가, 얕은 물이라도 물가 등은 방심하지 말고
아이를 피하게 한다. 날카로운 공구, 바늘, 면도날, 양잿물(세제)
등은 위험하니 반드시 치워둔다.

· 대문 밖으로 나갈 때 절대로 혼자 있게 하지 말아야 한다. 아이
들은 걷지 않고 뛰니까 차도에서도 항상 차도쪽은 엄마가 서고,

아이는 안쪽에 세워 걷도록 한다.

· 일가친척집에 아이만 두지 말라. 동네 아이들끼리 잘 논다고 방심하지 말라. 아이들은 자기 위주이기 때문에 길 잃기가 쉽다. 놀다가 갑자기 뿔뿔이 헤어져 가기 때문에 아주 위험하다.

· 전철 탈 때, 버스 탈 때 엄마는 항상 긴장하고 아이 손목을 꼭 잡아주고 같이 타고 내려야 한다. 볼거리 많고 먹을 것 많은 시장은 아이에게 위험하니 항상 주의한다.

가족이라는 울타리

어머니는 진명학교 출신이고 개화한 집에서 자란 신여성이셨다. 그런데 우리 집으로 시집와서 상투 올린 남편을 비롯하여 시할아버님 내외분, 시아버님 내외분 슬하에 십여 남매의 맏며느리가 되셨다. 어머니는 숫자로는 일곱을 거의 연년생으로 낳으셨고, 오남매를 당신 성격대로 기르셨다. 늦잠, 게으름, 자기 일 스스로 하는 습관을 알아서 해라 놔두시는 분이셨다. 아직 어린데, 여자인데, 남자인데 이런 용어는 통하지가 않았다.

그런 어머니도 옷 거두시는 것, 병원 가는 것, 먹이는 것은 당신이 꼭 담당하셨다. 섣달 그믐게가 되면 입었던 옷은 빨아서 물감을 새로 드려 까치설빔을 지어 섣달그믐날 입게 하셨다. 설날은 진솔버선과 더불어 색스런 치마저고리에 금을 박아 입히셨다. 남동생들은 두루마기에 전복을 입히고 복건까지 씌우면 우리들의 설빔은 완성되었다.

설날 아침 일찍이 일어나 머리맡에 못 준비해 놓으신 옷 이외에 또 준비된 옷이 있었는데 바로 '앞치기'다. 앞치기는 사당에 허배를 하고 나서 아래채에 계신 증조할아버지께 세배를 드리고 난후에 웃집으로 올라오면 옷 위에다 입히셨다. 밥 먹을 때, 놀 때, 소꿉놀이할 때 으레 입는 정장이다. 혹시 밥을 흘리더라도, 넘어져서 흙이 묻더라도 툭툭 털어내면 그 밑에 호사스런 옷은 멀쩡하니까 아이들에게는 안성맞춤이다.

그런데 우리 집 장손(종첨지)은 하나를 더 입었다. 바로 '두렁치마'다. 이 두렁치마는 전나뭇길 나갈 때 으레 입고 다니던 옷이다. 다른 동생들은 앞치기를 입히시고 나는 크다고 행주치마를 준비해주셨는데, 집안의 종첨지는 옷도 더 입어야 된다고 두렁치마 하나를 더 입히신 것이다. 종첨지인 동생 밥 위에는 김을 놓아주셔도 다섯 장, 다른 동생은 석 장이었다. 그래도 어느 동생 하나 투정 하는 법이 없었다. 나이는 어리지만 그 집안의 장손은 특별한 예우를 해주었던 우리 집 범절이었던 것 같다. 한 살 차이 나는 남동생은 절대로 말대답을 하거나 의견이 다르다고 대드는 법이 없었다. 그렇게 집 안에 규율이 내려와서인지 우리 집에는 윗사람이 아이 대접을 받아서는 안 된다는 예절이 지금도 내려오고 있다. 으레 해가 바뀌면 동생은 윗사람을 찾아오고 반드시 세배를 하며 정중히 새해를 맞이한다. 아무리 급변하는 시대를 맞이하여도 옛 풍속과 법도는 그대로 남아 있다.

옛 선조들은 돌아가시면서도 가족이 흐트러지지 말라고 제삿날을 정해 자손을 모아두고 가셨다. 가족이 뭉치면 지혜가 생기고 혼자보다 말할 수 없이 든든하다. 어려운 일이 있을 때에도 가족은 서로 의지할 수 있는 울타리가 된다.

두렁치마를 입은 동생. 어깨끈이 달려 있고 치마처럼 무릎 아래까지 내려오는 두렁치마는 넘어
지거나 음식을 흘렸을 때 안에 입은 옷을 보호한다.

어릴 적 기억인데, 어린 동생이 전나무길에 부지깽이를 들고 딱 서서 버티고 있으면 나는 마음 놓고 동네에 나갈 수 있었다. 그때 우리 집 아이들은 동네 아이들과 어울려 놀지도 못하고 말 한 마디도 건네지 못한 채 외딴 집에서 양반으로 구분되어 살아야 했으니 아이들 눈에 띄면 놀림감이 되기 일쑤였다. 그러니 동생 없이는 동네를 다니는 일이 여간 두렵지 않았다. 다 자라 어른이 되어서도 그 동생은 나에게 오빠 같은 존재이다. 내가 급성맹장염으로 급히 연락을 하니 한걸음에 달려와 친구가 원장으로 있는 병원에 나를 놓고는, 원장을 불러내어 직접 수술을 맡겼다. 누나 상처는 깨끼 바느질로 흉터 안 남게 하라며 당부하던 모습에 이 누나는 차가운 수술실도 무서워하지 않고 들어갔었다. 누나 몸에 흉터 남지 않으려나 걱정한 그 동생 마음은 이 나이에도 잊히질 않는다.

아이 키우는 일은 산 넘어 산

지독한 산고를 이겨내고 첫 아이를 품에 안았을 때의 느낌. 처음 젖을 물렸을 때의 감동. 엄마가 되지 않고는 결코 알 수 없는 그 순간을 잊지 않고 있음에도 육아라는 길고 긴 과정은 때때로 너무 어렵고 막막한 것이 사실이다. 아이가 커가는 과정 내내 그렇다. 이 고비 넘기면 좀 편해지려나, 이젠 아이가 제법 컸으니 한결 수월하겠지……. 반복되는 기대 속에 기쁨과 절망이 교차하는 것이 엄마로 사는 시간 아닐까 싶다. 나 역시 그랬다.

아이가 태어나고 처음에는 모든 것이 들뜨고 신기했다.

삼신할머니가 배 속에서 아이에게 젖 먹는 법을 가르쳐 세상에 내보냈는지 태어나자마자 알아서 젖을 찾아 빠는 아기를 보며 마냥 신기했다. 목욕을 깨끗이 시켜 톡톡 분을 바르고 보드라운 옷을 입혀 싸개로 폭 싸서 안아보면 코끝에 전해지는 아기 냄새가 황홀할 정도였다.

이것이 여자로서 최고의 행복이 아닐까 기쁨에 잠길 즈음, 느닷없는 고통이 찾아왔다. 젖몸살이었다. 얼마나 아픈지는 겪어본 여자만이 알 것이다. 그렇게 수유기를 지나 이유식을 냠냠 받아먹고 아장아장 걷기 시작하면 엄마에게는 다시 또 새로운 세상이 펼쳐진다.

아이가 잘 먹으면 날아갈 듯 기쁘고 어디가 아픈 날이면 근심 걱정이 한보따리가 되기를 되풀이하는 동안 아이는 유치원에 들어가고 초등학교를 졸업하게 된다. '아! 이제 고생 끝이겠구나!' 안도해보지만 과연 여기가 끝이겠는가. 사이사이 시집살이에 마음 상하는 순간도 있을 것이고 명절증후군 겪어가며 수차례의 연중행사를 치러낼 것이다.

세월이 흘러 딸 아들 시집 장가보내고 손자 손녀가 태어나 팔십이 훌쩍 넘은 할머니가 된 나도 지금까지 산 넘어 산, 첩첩산중을 터덜터덜 걷는 기분이다. 예나 지금이나 변함없는 엄마의 일생을 주르륵 늘어놓은 건 그럼에도 이 세상은 어른 아이 두루 섞여 가족의 정을 느끼며 살아봄직 하다고 이야기해주고 싶어서다.

얼마 전 인사동에 있는 우리 둘째아버지 일중—中 金忠顯 선생의 서예 기념관에 다녀온 후로 부쩍 옛 집안 어른들 생각이 난다. 그땐 어렵고 무섭기만 했던 어른들인데, 그 그늘 아래서 자라고 시집 가 아이를 기른 날들이 얼마나 든든했었는지 새삼 깨닫게 된다.

그 어른들에 비추어 나를 생각해보면 나 역시 앞으로 살아 있는 날들에 자손들의 본보기가 되고 또 아이들을 보살피며 지내고 싶다는 생각이 든다. 규칙적인 생활로 건강을 유지하고 여전히 30대처럼 열심히 일을 하는 모습을 보여주려 하는 것도 이 때문이다.

아이들이 집에 오면 기분 좋도록 거실은 항상 밝게 꾸미고 집 안에 조용히 음악이 흐르도록 해놔야지…… 한다. 베란다 창을 열면 함빡 핀 분홍 꽃과 연두 풀이 아이들을 반갑게 맞이하게 하고 싶다.

반질반질하게 닦아둔 장독항아리엔 내가 담근 장이 맛있게 익어 가고 있으니 한 숟가락 푹 떠서 보글보글 된장찌개를 끓여줘야지. 여름이면 손자가 제대를 한다니 집에 오면 찹쌀옹심이 하얗게 띄운 수박화채 한 대접 내주면서 수고했다고 말해줘야겠다.

이 나이가 되어서도 하고 싶은 일, 할 일이 수두룩하니 인생은 역시나 산 넘어 산이 되어 겹겹으로 다가온다고 할 수밖에. 그래도 온 마음 다해 기쁘게 웃을 일이 자손들 커가는 것 볼 때밖에 더 있겠는가 싶다.

지금 육아에 지치고 힘든 세상 모든 엄마들에게 보람을 가지라고, 기쁨을 느끼는 날이 더 많을 것이라고 꼭 전하고 싶다.

엄마들아, 건강하게 살자

산모가 해산을 하고 나면 대문 앞에 금줄을 걸고 아들이면 고추, 딸이면 솔잎을 끼워 남녀를 상징하고 숯을 끼워 잡귀를 막는다. 새 생명이 이 세상에 태어난 것을 다함께 기뻐하고 경사로 여겼던 옛 풍습이다. 새로 태어난 아이와 산모를 보호하기 위해 상갓집에 다녀왔거나 본인이 상을 당한 사람, 몹쓸 병이 걸린 사람, 심지어 감기가 든 사람까지도 금줄이 걸려 있는 집에는 삼칠일이 지날 때까지 왕래를 피했다.

이렇듯 귀하게 아기를 맞이하듯이 아기의 엄마인 산모의 몸 역시 귀하게 여기고 보살펴야 한다. 아기를 갖기 전부터 스스로도 건강에 유의하고 엄마가 될 준비를 해야 한다. 몸에 해로운 커피, 술, 담배, 감기약 등은 물론 삼가고 건강한 음식을 챙겨 먹고 좋은 생각을 하며 아기를 맞이할 준비를 하도록 한다. 더불어 주변 사람들도 산모를 배려하는 것이 중요하다. 결혼을 해서 아이를 갖고 엄마가 되는 과정을 태어나 처음 겪다보니 모르는 것도 많고 실수하는 일도 많을 것이다. 그러니 이미 이 과정을 겪은 주변의 선배, 어른들이 조언하고 도와야 한다.

임신 후에는 입덧과 심경의 변화 등을 겪으며 당황하고 영양적인 면에서도 소홀할 수 있기 때문에 특히 이 시기 산모의 건강에 관한 상식을 미리 알아두도록 한다.

임신 열 달 동안을 잘 보내야 아기가 태어난 후 성장하는 과정에까지 좋은 영향을 미친다는 것을 잊지 말라고 당부하고 싶다. 엄마의 마음이 편안해야 아기의 정서가 안정되고 잘 자랄 수 있다.

이만큼 나이를 먹고 보니 산모일 때의 건강 상태가 얼마나 중요한지 새삼 느끼게 된다. 젊을 때는 몰라서, 또 바빠서 자신의 건강에 소홀하기 쉽다. 나이가 들고 나면 그 소홀했던 점들이 여기 저기 몸에, 마음에 드러나니 뒤늦게 후회해도 소용이 없다.

내 주변의 노인들도 하나같이 이런 이야기를 한다. 엄마 자신을 위해서도, 또 아이를 위해서도 이 점을 꼭 명심하자. 아이를 기르고 보살펴야 하는 것은 엄마가 된 이상 죽을 때까지의 의무 아니겠는가. 그래서 더더욱 몸과 마음이 다치지 않도록 조심해야 한다.

좀 더 비장하게 말하자면 엄마의 건강은 한 가정의 생명줄이다. 먹을 것이 넉넉지 않았던 시절, 우리 어머니들은 가족들에게 생선 한 토막이라도 더 먹이려고 자신은 늘 뒷전이었다. 그러다 늙으면 꼬부랑 할머니가 되고 이가 다 빠진 합죽이가 되기 일쑤였다.

임신 열 달 동안 아이에게 영양분을 모두 전해주고 낳아 기르는 동안 좋은 음식은 자식 입에 모두 넣어주느라 본인 건강 돌볼 겨를이 없었다. 생각해보면 부모가 건강해야 자녀들이 커가는 것을 살펴주고 훗날 손자손녀까지 든든한 선대 밑에서 잘 자랄 수 있는 것을. 참 안타깝다.

　우리 어머니들은 그러지 못했다 하더라도 지금 세대의 여러 분들은 스스로 몸과 마음의 건강을 알뜰히 챙기기를 바란다. 자신을 위해서도, 자식을 위해서도. 이다음에 '난 참 바보처럼 살았구나'라는 후회를 할 일이 부디 없기를. 건강은 반드시 젊었을 때 돌봐야 하는 것이다.

예법은 꼭 필요하다

예법, 예절이란 우리 삶의 원천이라고 생각하면 좋겠다.

부모의 귀하고 사랑스러운 자식으로 자랄 때에도, 시집·장가가서 한 집의 부모가 된 후에도 예법을 지키고 물려주는 것은 중요하다. 세월이 흘러 수많은 가치관의 변화가 생기고 생활의 많은 부분들이 간소화되었지만 그럼에도 불구하고 변치 않는 우리네 예법은 이어져야 한다. 그것이 사람 사이의 도리이고 세상살이의 이치이자 질서이기 때문이다.

예전에는 집집마다 다른 예법 때문에 특히 남의 집으로 시집을 간 새댁의 고생이 이만저만 아니었다. 시어른께 상을 올리는 예절부터 시작해서 일거일동을 예절 속에서 살아야 했다. 지금은 시대가 바뀌어 가정생활에서 꼭 필요한 에티켓들을 알아두는 정도면 충분하니 얼마나 수월해졌는지. 그러니 우리 최소한의 예의범절은 자식에게 가르치며 살도록 하자.

예를 들어 어른과 아이가 한 식탁에서 밥을 먹을 때 어른이 수저를 들기 전에 먼저 밥을 먹기 시작한다거나, 어른이 함께 먹는 식탁에서 아이가 좋아하는 음식이라고 그릇을 집어다 아이 앞에 놓아주는 일 등은 하지 말아야 한다. 외식을 할 때도 지켜야 할 예절이 있다. 공공장소인 식당에서 큰 소리로 떠들고 뛰어다니거나 하는 일은 삼가도록 어릴 때부터 주의를 주도록 한다. 가정 내에서의 생활도 결국 사회생활이고 나가서도 바른 행동을 해야 한다는 것을 일러주도록 한다.

잘 배워 남에게 폐가 되는 일은 하지 않고 사는 사람은 그 모습이 참 아름답다. 스스로 절제할 줄 알고 옳고 그름을 판단할 수 있는 것이니, 그건 하루아침에 되는 일이 아니다. 아이를 가르치는 부모 역시 스트레스로 신경질적이 되거나 피곤한 일상에 자기도 모르게 이기적인 행동들을 하게 되는 것을 스스로 경계하도록 한다. 엄마 아빠가 아이에게 모범이 되어야 자연스럽게 예의범절을 가르칠 수 있는 것이니까. 자신의 인생은 스스로 길을 들이는 것이다. 그래야 윗사람 노릇을 잘할 수 있다. 나이가 들수록 어른스러워져야 하는데 결코 쉽지 않은 일이다. 교양 있는 말과 행동이 몸에 배어 있도록 하는 것이 중요하다. 어릴 때부터 어른이 되고 더 나이가 들어 노인이 될 때까지 쭉 지켜져야 할 덕목이다.

한 아이의 엄마 아빠가 되었다면 더더욱 명심하고 노력하여 이 세상이 참 살만한 곳이구나 하고 우리 후손들이 느끼며 살아갈 수 있도록 해야겠다.

DNA는 대를 이어간다

엄마들에게 당부하는 이야기 몇 가지를 쓰려다 보니 다소 개인적인 나의 어린 시절과 우리 집 이야기를 잠시 하게 된다. 자존감이 분명하고 예의 바르며 절도 있는 부모가 되어 아이가 당당하게 자랄 수 있도록 했으면 하는 이야기이니 한번 들어주기 바란다.

나는 문학과 휘호로 유명한 집안에 태어났다. 젊은 시절 서예로 국전에 당선되었던 것도 어릴 적부터 늘 글을 읽고 글씨를 쓰고 어른의 훈화를 듣는 것이 생활이었기 때문이다. 예의범절을 중요시하는 가풍 속에서 유년시절을 보냈다. 앞서도 이야기했듯이 일본식 교육이 지배적이었던 학교에는 아예 갈 생각도 할 수 없었고, 친구도 없이 기타 문화생활도 할 수 없는 외딴 산골마을에서 오직 글을 읽고 쓰는 것만이 나의 할 일이었다.

이 모든 것이 증조할아버지께서 세운 덕목이었다. 나의 증조할아버지는 충청남도 공주에서 우리 집, 그러니까 복온공주할머니 집안에 양자로 들어오게 되었다. 복온공주할머니의 손자가 된 것이다. 증조할아버지는 궁 후손의 손자라는 자리에 막중한 책임과 의무를 지고 계셨고, 길이 아니면 걷지 않는 대쪽 같은 분이셨다. 집안의 제일 높은 어른인 때문이기도 하지만 특히 그분의 말씀은 누구도 거역하지 못할 위엄이 있었다. 우리 집의 법도가 곧 궁법이기도 했으니 그 엄숙한 분위기는 말하지 않아도 짐작할 수 있을 것이다.

증조할아버지께서 사랑채에서 아래채 처소로 옮기실 때면 옹이가 울퉁불퉁하게 불거진 대추나무 지팡이를 들고 일각대문을 나서곤 하셨는데, 할아버지를 뵌 우리는 모두 혼비백산하며 길을 비켜드렸다. 이것이 어른을 모시는 기본 법도로 알고 자랐다.

물론 증조할아버지와의 좋은 추억도 많이 있다. 무서운 할아버지셨지만 당신의 첫 증손녀인 나를 무척 예뻐하셨다. 다홍치마 노랑저고리에 금박을 찍어 입고, 귀밑머리에 붉은 당사실을 섞어서 머리를 땋아 내려 금박 제비댕기를 드리고 아침 문안을 드리러 가면, "숙이 오는구나" 하시며 두 팔을 벌려 나를 번쩍 안아 안방으로 데리고 들어가셨다.

나비 같이 절을 올리고 나면 골패상을 옆으로 밀어놓으시고 나를 일으켜 세운 다음 당신 손으로 꼭 안고 "불, 불, 불어라" 하며 좌우로 걸음 걷는 운동을 시키셨다. "요것은 나를 닮아 볼우물이 쏙쏙 들어간다"고 귀여워하셨다.

증조할아버지께서는 우리 집에 들어오셔서 자손을 번성하게 하셨다. 딸도 없던 집에서 자손을 늘이고 사회에 여러 면으로 쓸모 있는 사람이 되도록 키우셨다. 자손들도 그분의 뜻을 잘 따랐기 때문이기도 하다.

'콩 심은데 콩 나고, 팥 심은 데 팥 난다'는 속담을 해가시면서 노름, 외박은 절대 금지였고, 특히 '바늘 도둑이 소도둑 된다'고 종종 이르셨다. 값싼 물건이라도 남의 것은 호기심도 갖지 말라고 귀에 못이 박히도록 말씀하시어 우리 식구들은 모두 이를 명심하고 살았다.

또 우리 집 언어에는 반말이 없다. 아이들한테도 존대어를 하셨고 아랫사람에게도 예우를 갖추셨다. "조카, 이렇게 하지", "이렇게 하게". 이렇듯 서로 인격적인 존칭을 했다. 부부지간 호칭에도 어른 앞에서 '여보', '당신' 같은 말은 삼가도록 했다.

음식을 먹을 때 어른이 먼저 수저를 들고 난 후에 아랫사람들과 아이들이 밥을 먹었고, 어른 계신 상에서 장난치거나 떠드는 일도 없었다. 어른께 말을 할 때도 참으로 조심스러웠으니, 모든 것에는 이유가 있어 설명을 듣고 나면 따르게 되었다.

우리 집에서는 지금도 "제가 그랬는데요"라고 말하지 못한다. '제가'라는 말은 나를 낮춘 것으로 식민시대에 나라 잃은 국민이 자신을 낮추어 말할 때나 쓴다고 하시어 식구들 사이에서는 "내가 그랬어요"처럼 '내가'라는 말을 썼다. 언어 속에 자긍심을 심어주는 교육이었다.

"고맙습니다", "감사합니다"라는 말도 조손간에는 쓰지 않는다고 배웠다. 할아버지가 손주에게 세뱃돈을 주는 것은 당연하지, 이를 받고 감사할 일이 아니라는 것이다. 당연하게, 당당하게 받아야 한다고

가르치셨다. 물론 예의도 모르고 덥석 받으라는 뜻은 절대 아니다.

작은 것에 미안하다, 고맙다를 연발하기 보다는 자신감 있고 당당하게 키우라고 말하고 싶다. 그게 우리네 법도이다.

도리를 알고 절도가 있으며 자기 자신을 귀하게 여길 줄 아는 아이로 키워 당당하게 앞날에 큰 사람이 되도록 가르치라고 다시 한 번 당부한다. 자존감 있는 아이가 상대방을 대할 때도 자신감 있는 태도로 경우 바르게 행동하는 법이다.

장맛이 좋아야 살림꾼

옛 어른들께서는 장맛이 좋아야 집안이 평안하다고 하셨다. 아침 일찍 일어나서 대문부터 활짝 열고 하루 일진을 보시듯이 오늘은 해맑은 해가 떳으니 장독대에 올라가서 장독부터 열어 놓는 일이 하루의 일과 중 가장 우선이었다. 후원에 있는 장독대 뒷줄에 다릿골 독은 어른이 들어가도 될 만큼 컸다. 앞줄엔 그보다 작은 독이 줄을 서 있었고 된장독을 위시하여 작은 항아리엔 고추장이 들어 있었다. 자배기에 물을 떠서 항아리를 말끔히 세수시켜 놓으면 햇빛을 받아 반짝반짝 윤기가 났다. 한 집안의 풍취는 장독대에서부터 빛이 났다. 대청 뒷문을 열어놓으면 후원의 장독들, 며느리밥풀꽃은 석축의 틈바구니를 아름답게 장식해주었다. 비가 오면 그 밥풀꽃의 수정 같은 물방울은 나의 마음을 울적하게 만들었던 사연도 있었던 꽃이다.

그 장독대는 우리집의 보물단지였다. 구수한 된장을 비롯하여 한 여름엔 애호박찌개, 감자찌개의 맛을 매콤하게 하여 입맛 돋구었던 고추장까지. 가을엔 버터 같았던 두부장을 어른 아이 할 것 없이 환영했다. 자고로 밥을 비벼 먹는 맛이 제일 좋았다. 그 시절엔 장독대가 큰 자랑거리였고 그 집안의 내면을 엿보려면 장독대부터 보았다.

시절은 바뀌어 장독대는 점점 없어지고 간장 된장은 공장에서 만드니, 그에 맞게 음식도 달라졌다. 그러나 우리 입맛은 쉬이 변하지 않아 나는 아직도 집된장을 즐겨 먹는다. 된장 좋아하는 내게 염분을 적게 먹어야 성인병에 걸리지 않는다고들 걱정한다. 어떻게 하면 좋을까? 나름의 고민을 해본다.

간장은 저염간장으로 만들자. 간장+물+말린 과일 껍질+조청을 끓여서 식혀 짠맛을 줄이자. 이 간장으로 장아찌 할 때, 조림할 때 쓰자. 매콤하게 맛을 내고 싶다면 청양고추 건고추를 섞어서 끓여 식히면 칼칼한 맛도 낸다.

말린 과일, 말린 무, 말린 육포, 생강, 통후추, 조청이나 꿀을 간장과 적당한 양의 물을 넣고 끓여서 식히면 맛간장도 만들 수 있다.

국간장은 국내산 콩으로 만든 메주로 직접 만들어 쓰는데, 염도계로 측정했을 때 18~19도가 나온다. 늦게 3월 후 띄운 것은 20도도 나온다. 간장 만드는 소금물은 날달걀을 띄워 봤을 때 수면 위로 뜬 부분이 오백원짜리 동전 크기만하면 적당하다. 조리과정의 맛에 필요하면 혼합간장을 섞어 16~17도로 만든다. 소금도 3~5년 묵은 천일염이 적합하다. 간수가 빠진 소금이라야 한다.

음식의 맛을 내려면 주부의 노력과 꾸준한 연구가 필요하다. 바로 그 맛이어야 하는 맛은 먹어봐야 알 수 있고, 직접 조리를 해봐야 알 수 있다. 해보지 않고 레시피만 보고 하려면 음식은 쉽지 않다. 거기엔 불의 효과, 시간, 귀로 듣고 코로 냄새를 맡아 분간을 하는 감각이 있어야 한다.

이른 봄의 별미, 무장

한 가지 이야기를 더 하려 한다.

우리집은 백명의 식솔을 거느리면서도 맛에 풍류가 있었다. 계절별로 다른 음식이 상에 올랐고, 제사 때나 어른 생신때의 별식은 아주 특별했다. 메주로도 간장, 된장만 담근 것이 아니다. 우리집만의 비법이자 어디에 소개하기도 힘든 장맛을 글로 적어보지만 그 맛을 먹어보지 않고, 그 장맛으로 살아보지 않고 어찌 전달하나 걱정이 앞선다.

이른 봄이면 잘 띄운 메주로 무장을 담갔다. 메주는 조막 덩어리 모양으로 만들어 겉표면을 말려서 둥구미(곡식이나 채소를 담는 그릇. 짚으로 둥글고 깊게 짜서 만든다)에 담아서 띄운다. (메주에 곰팡이가 피게 하는 것을 '띄운다'고 말한다. 메주를 띄우려면 지푸라기에 얹어 따뜻한 곳에 두는 것이 가장 좋은데, 지푸라기에는 천연 발효를 돕는 효모가 있어 좋은 균이 메주에 들어가 작용하게 되기 때문이다. 둥구미에 넣고 이불로 감싸 뜨듯하게 하여 며칠 두는 방법도 있다. 메주에 곰팡이가 앉으면 겉은 꾸덕꾸덕 마른 상태지만 손으로 쪼개어 속을 보면 약간 말랑말랑하고 푸릇하고 누런 곰팡이가 피어 있는데, 특히 노란 곰팡이가 앉아 있어야 가장 좋은 상태로 뜬 것이다.)

속에 노란 꽃이 피면 표면을 솔로 살살 문질러가며 찬물로 닦아 쪼

개어 햇볕에 말린다. 김칫국물 정도의 염도로 맞춘 국물을 만들어 부
어 부뚜막(상온 또는 약간 따뜻한 곳)에 두었다가 노르스름한 국물이 우
러나면 그 국물을 따라서 그대로 밥을 말아 먹었다.

그 국물은 꼭 멸치육수처럼 구수하고 절대 짜지 않다. 찬밥을 말고
편육을 얹은 다음 굵은 고춧가루를 뿌려 먹으면 이른 봄 별미 밥말
이가 된다. 퉁퉁 불은 메주 건지는 뚝배기에 넣고 달래를 넣어 찌개
를 끓이면 삼삼한 것이 된장찌개보다 더 맛있는 찌개로 식구들이 아
주 환영하던 음식이다.

규모 있는 주부

문화생활, 위생문제도 예술도 새로운 시대를 반영하여 성급하게 변해가고 있다. 허기사 농경사회였던 시절에서 식민지의 압박, 세기의 드문 전쟁, 그 틈바귀에서 산업사회로 변천하려니 얼마나 힘들고 목숨 바쳐 노력하였으면 선진국이 되었을까?

세끼 밥도 끼니도 해결할 수 있고, 세계 문명이 물결같이 그야말로 태풍 몰아치는 듯한 센 물결은 성미 급한 한민족에게 문화생활로 뒤덮게 되었다. 각 가정은 그 물결 속에서 허덕거리며 아빠는 기러기 아빠로 변해가고 엄마는 재빨리 정보를 따라 늦지 않기 위해 촉각을 세워 아이들 교육에 앞장서려고 사회생활로 뛰어 드는 가정이 되고 말았다.

그 와중에 여유 있게 사는 사람의 숫자도 늘었고 가정에 과학화된 기계류 덕분에 할머니 세대, 어머니 세대에서 번거롭던 일거리가 간편해지고 가정관리 문제가 단조롭게 되니 생활은 간편하게 되었다.

주택구조도, 과학화된 보관하는 보존하는 방법, 즉, 냉장, 냉동, 공기 청정기까지 등장하고 심지어 위생청소까지 해결을 하여 가니 먹는 음식은 웰빙으로 치닫게 되어가는 가정생활이 되었다.

그 위생문제, 영양문제, 고도화 되어가는 의사들의 방송 언론 매스컴 등으로 수시로 알리고, 기후까지 예민하게 친절하게 알려 주어 살기 좋은 세상이라고 흥분 될 만한 세상이 되었다. 거기엔 기동력까지 해결해주는 세월이 되고 있다.

그럴수록 주부들은 규모 있는 가정생활로 가정을 이끌어 나가야 밑 빠진 독이 안 되도록 힘써야 한다고 생각된다. 팔십이 넘어가도록 살다 보니 험난한 세월도 보내 보았고 배 안 고픈 세월도 만나 보았는데 언제나 가정생활은 "규모" 있는 생활이 밑받침이 필요하다는 것을 느껴왔다.

계절 놓치지 말고 밑반찬 준비하는 습관을 길러라. 제철음식 재료는 절대 필요하다. 제철에 갈무리해서 "품귀" 때에 밥상에 올리면 식구들이 반가워했다. 그 맛을 아는 사람이 살림도 잘할 수 있다.

우리 삶도 그와 똑같다. 있을 때 너무 많아 버리고, 냉장에 쟁여 놓으면 위생문제, 보관문제, 냉장고 수용하는 공간도 한정이 있으니 불가능하다. 쉽게 말해서 낭비 생활에서 규모 있는 생활하자고 권고 하고 싶다.

· 먼저, 아이들이 먹을 음식이나 간식은 그때그때 엄마의 손으로 만들어주자.

- 장난감도 헤프게 사들이지 말고 조금씩 사주자. 이웃이나 친척끼리 빌려다 소독하여 잠시 쓰고 반환시키든가 공공단체(어린이집과 같은), 이웃지간에 나눠주자. 유모차, 아이 옷도 마찬가지다.
- 그릇 라디오, TV, 냉장고, 선풍기 등 작은 소모품, 액자, 병풍 등등은 내려 쓸 수 있도록 하자.
- 제철 식품을 헤아리자. 들나물, 산나물, 열매류, 근채류는 조금씩 말려서 저장한다. 장아찌, 묵은 나물, 염장 나물로, 당장법으로 담근 청으로, 초절임으로 준비하여 다른 집에 방문할 때나 우리 집에 손님 왔을 때 쓴다. 내 솜씨로 작은 비용으로 정념의 표시로 선물을 해보자.

다음은 계절별로 지혜를 부려보는 살림법이다.

1~2월 묵은 김치, 동치미는 맑은 물에 헹궈 1일 정도 물에 담가 짠 맛을 빼내고 채반에 널어 말린다. 햇볕 좋은 날은 반나절 정도 말려도 꾸들꾸들 마른다. 다진 마늘, 깨소금, 고춧가루, 설탕, 꿀이나 물엿을 조금씩 갖은 양념을 하여 달래장에 무쳐 내면 봄맛이 난다.

3~4월 들나물 뜯어 새콤달콤한 초고추장에 무쳐도 좋고 말려둔 무말랭이 물에 씻어 새로 나온 해조류(파래, 함초, 톳, 매생이 등)를 조금 섞어 무쳐내면 바다냄새 풍겨 입맛을 돋운다.

5~6월 밭에 나오는 풋고추, 애오이, 산나물을 나물이나 물김치로

신선하게 하여 상에 올린다.

7~8월 늙은 오이, 청둥호박, 김장솎음, 새우젓 젓국으로 가을맞이를 한다. 토란, 감자, 고구마로 아이들 별식 해주고 갖은 범벅, 풀떼기로 별미 음식 해주면 여름 난 아이들이 쑥쑥 자란다.

9~10월 가을맞이를 한다. 향기로운 열매 따서 저장식품을 한다. 당장법, 염장법, 건조식품을 만든다. 갈무리하여 엄마 솜씨 자랑하고, 풍성한 가을을 맞는다.

11~12월 겨울에는 따뜻하고 푸근하게 식구들의 보금자리 만들어 품에 안고 으스스 춥지 않게 보듬어 주는 가정을 만들자. 털실로 뜨개질하며 긴긴 밤 깨소금 같은 고소한 가족들의 이야기를 들어본다.

책은 버리지 마세요

사람들은 모이면 "저 사람은 어느 학교 출신이야? 고향은?" 해가면서 국적까지 캐묻는 사람도 있다. 요즘 세상은 제각각 이념이 달라 쉽게 마음을 열어줄 수가 없다는 이야기도 한다.

내가 어렸을 때는 일제식민지 하에서 자라서 일본이 우리에겐 적이었지만 대중적인 곳에서는 일본말을 해야 했고, 심지어 풍속까지 따라야 했고, 자기의 성姓도 일본식으로 바꿔야 했다.

우리집은 그때 그 시절엔 반사회적인 집이었다. 학교는 물론 먹고 사는 것도 해결책이 없었던 시절이었다. 학교를 못 다녔으니 새로운 지식은 배울 수가 없었고, 발전하는 과학화된 사회하고는 담을 쌓았다. 전기 사용은 꿈도 꾸지 못했다.

자라나는 시기에 문명사회는 꿈도 꾸지 못하고 지내고 보니 같은 또래의 사회에서도 뒤떨어졌다. 뒤처지지 않으려면 가학家學을 하는 수 밖에 없었다. 시대는 변천하고 더욱 급변하는 시대는 생각조차 못하게 빠르게 달려가니 귀밑머리 땋고 빨간 댕기 드리고 있던 나는 밤잠 제대로 자지 못하고 달려가도 헐떡거리는 숨찬 나날은 더욱더 바빠지고. 현세를 따라가는 방법은 기본 체력과 기초가 있어야 되는데 그 노력은 한도가 있으니 목이 마르다. 우선은 학벌을 따져가고 능력을 따지고, 상대적인 평가를 따지니 거기에 미치지 못해 현재로 쫓아 보려고 해도 이미 나이가 들어 느릿느릿 행보를 걷고 잇다.

그런 말이 있다. 국적은 바꿔도 학적은 못 바꾼다고. 이 나라가 싫으면 이민도 가는데 학적을 바꿀 수 없으니, 운전도 해보고 문맹이 싫어 컴퓨터도 익히며 나름 노력을 한다. 역사를 배우려고 국립박물관 수업도 꾸준히 듣고 있다.

어쨌던 지식의 밑받침은 기억력 좋을 때 책册을 많이 읽어 머리속에 지식을 쌓아 두면 머리가 둔해 졌을 때 꺼내 쓸 지식이 된다. 그 자원은 누가 와서 빼서 갈 수도 없다. 그래서 더욱 젊은 엄마들은 그 시절을 헛되이 보내지 않기를 바란다.

고서라도 책은 버리지 말고 두어라. 언제고 꺼내 볼 수 있는 때가 있으니까. 어른들 계실 때 질문을 많이 하여 지식을 배워야 한다. 떠나시면 기회를 잃으니까. 그분들은 돈 받고 답을 해주지 않으시니까.

스마트 폰만 믿고 살지 말자. 겉절이는 그때 쌈박하지만 묵은지는 깊은 맛이 있고 그 맛의 추억이 있다. 외국 음식을 먹고 나서 집에 와 동치미 국물을 마시면 곧 신선이 되는 기분, 바로 그것이 책이다.

아이에게는 자기 전에는 그림책을 읽어주자. 아이가 내용을 알아들을 수 있는 책으로 선택하고 편안한 책으로 읽어준다. 엄마의 포근한 목소리로 읽어주면 듣다가 소르르 잠을 잔다. 자기가 좋아하는 책이기 때문이다.

낯선 책은 도리어 잠을 쫓는 동기가 되니 자기 전에는 친숙한 책으로 고른다. 그림책은 이야기를 전달하는 책이므로 그림은 아이가 보고 엄마는 글을 읽어주는 것이다. 책의 물리적 감촉, 크기, 색깔이 참 중요하다. 그에 따라 예술적 감수성이 자라게 된다.

워킹맘들에게

우리는 이 세상에 태어날 때부터 여자로 태어났다. 엄마가 되어 임신을 하면 내 배 속 아이가 남자아이인지 여자아이인지 궁금해한다. 기다리는 시간이 더해질수록 건강하고 예쁘고 잘생기고 살빛이 뽀얀 아이이기를 바라는 마음이 끝이 없다. 나도 엄마가 되는구나 하며 4~5개월을 지내다 배 속에서 파르르 떨리는 움직임, 태동을 처음 느낀 순간, 잊을 수 없는 희열을 느끼게 된다. 손바닥을 배에 대보기를 수없이 반복하며 태동이 다시 오기를 기다린다. 출산준비물을 챙겨가며 9개월을 채우고 순산할 때를 기다리며 마음의 준비를 하다 드디어 출산의 순간을 맞는다. 분만실 밖에서는 아들이냐, 딸이냐, 사람들의 호기심어린 질문이 오고간다. 엄마는 아기를 가슴에 안는 순간 언제 아팠었냐며 아무렇지 않게 분만의 고통을 잊어버린다. 여자들은 그런 고통과 희열을 여러 차례 겪기도 한다. 우리네 할머니, 어머니들은 수차례 겪어온 일이다. 행복과 희열이 공존하는 이런 고통 속에서 여자는 비로소 엄마가 된다.

세상이 변하여 아이를 몇 낳느냐 하는 출산계획보다 당면한 생활이 더 우선순위가 되었다. 자신이 가진 재능을 발휘할 수 있는 일을 손에서 놓지 않는 것도 중요하고 경제적인 면을 가장 먼저 고려하기도 한다. 이런 저런 것들을 먼저 따진 뒤에야 비로소 출산계획을 세울 수 있게 되었다. 단순 산업사회에서 문화사회로 접어들게 되니 자연히 결혼생활, 자녀 양육의 문제, 부부의 역할 분담 등이 문제가 되기도 한다. 이런 것들을 미리부터 걱정하여 혼기 찬 성인 남녀들이 결혼을 못하는, 혹은 안 하는 경우가 흔한 것이 현실이다. 또 한편에서는 결혼은 했으나 양육이 두려워 자녀를 포기하고 부부끼리만 살기로 한 경우도 꽤 있다고 들었다. 자녀를 2~3명 둔 가정에서는 경제적인 것을 생각해 부부 협력하에 맞벌이를 택하기도 한다.

나도 오랜 세월 아이를 키우는 동안 일을 놓지 않고 맞벌이 부부로 지냈다. 요즘 말로 워킹맘이었다. 먼저 아이를 키우고 세상을 살아본 선배 입장에서 맞벌이 부부들에게 몇 가지 당부를 하고 싶다. 부부가 상부상조하여 신뢰 속에 가정생활을 활기차고 보람되게 하라는 뜻에서다.

첫째, 엄마와 아빠가 협력해서 마음으로 서로 도와야 따뜻한 가정을 이룰 수 있다. 가정은 서로 이해하고 온화해야 한다.

둘째, 엄마는 한 몸에 두 지개, 세 지개, 특히 일하는 엄마는 네 지개를 메고 언덕을 올라간다고 생각해야 한다. 주부, 아내, 엄마의 자리에 자긍심을 가지고 부지런히 역할을 해내기를 바란다. 나약한 마음은 버리고 가정을 지탱하고 이끌어가야 한다.

셋째, 온 집안 식구는 엄마가 구세주이자 해결사라 믿고 살아야 한다. 가족의 건강을 돌보고 애정으로 마음을 채워주는 존재이기 때문이다. 그러니 엄마는 자부심을 가져야 한다.

그런데 이 엄마라는 존재는 종종 정에 약해져 모정의 본능을 이기지 못하기도 한다. 이를테면 내가 해결을 해야지, 내가 없으면 안돼, 하고 모든 일을 자기가 해결하려 한다. 자칫 스스로 무너지고 힘들 수 있으니 지나치게 희생한다는 생각이 들지 않도록 주의해야 한다.

한번은 이런 일이 있다. 어느 은행에서 근무하는 한 여성이 나에게 상담을 청한 적이 있다. 대리의 자리에 올라 근무하고 있는데 이제 이 일을 그만두어야겠다는 얘기였다. 왜 그러느냐고 하니, 초등학교 2학년이 된 아들이 점점 엄마를 필요로 하는 것 같아서라고 했다. 나도 경험이 있어 충분히 공감했지만 여태 일한 것이 아깝지 않느냐, 좀 더 먼 미래를 내다보면 일을 가지고 있는 것이 더 좋지 않겠느냐, 엄마가 집에 있다고 반드시 무언가가 달라지지는 않는다 하며 말렸다. 얼마의 시간이 지나 은행에 들를 일이 있어 가보았더니 그 직원은 퇴직을 한 후였다. 왠지 허전하고 아쉬운 마음이 들었다.

'여자는 엄마이기 때문에 자기의 일, 자기 생활을 버리고 결국에는 가정에만 집중해야 하는 것인가?' 참으로 오랜만에 여자의 인생을 곰곰이 생각하며 마치 내 일처럼 고민을 했다.

바깥일도 하고 엄마의 역할도 수행해야 했던 젊은 날의 나를 떠올렸다.

초등학교 저학년이던 아들이 수업을 마치고 집에 돌아왔을 때 엄마 없는 집에 들어서는 기분이 어땠을까? 그 은행원의 아들과 같은 마음이었을까? 섭섭했을까? 지금 생각해보니 어린 마음을 행여 다치게 했을까 미안하다.

늘 선택은 책임과 후회가 따르는 법이라서 순간순간 그 결정이 어려운 법이다. 특히 아이를 위한 문제라면 엄마에게는 가장 어려운 고민이 아닐 수 없다. 옛날의 나도, 그리고 요즘의 젊은 엄마들도 다 같은 마음일 것이다. 하나를 얻으면 하나를 포기해야 하고.

그런데 이렇게 생각해보면 어떨까? 어느 쪽을 선택하던 나 자신을 포기하는 일은 절대로 없다는 것. 육아에 전념을 하기로 했다고 해서 나 자신은 사라지는 것이 아니다. 마찬가지로 일을 택했다고 해서 엄마인 내가 달라지는 것은 없다. 오히려 '아이 때문에'라는 핑계를 대고 있지는 않은지 한번쯤 스스로 돌아볼 일이다. 평생이 지나도 엄마로서의 마음은 변치 않는다. 모성은 끝이 없는 것이니까. 그러니 일과 육아 사이에서 방황하게 되더라도 죄책감 때문에 생각을 접어버리지는 말라는 이야기다.

옛날 우리네 어머니들은 밥 먹는 시간도 아껴가며 가족을 위해 하루 온종일을 살았다. 맛있는 것이 있어도 모두 남편과 자식에게 양보했고, 늘 제일 늦게 잠들고 새벽이면 일어나 집안일을 돌보았다. 그 시절의 여자들은 그래야 했으니까. 하지만 시대가 변했고 먼저 인생을 살아본 선배들도 오직 가족만을 위해 살아가라고 하기는 어려워졌다.

요즘은 맞벌이하는 부부가 전체의 절반 이상을 차지하고 많은 여성들이 워킹맘의 길을 선택한다. 혹여 자식에게 죄책감을 느껴 갈등하고 있거나 자신만을 위한 선택이라고 비난받을까 후회하는 이들이 있을까봐 마지막에 이런 이야기를 하게 되었다. 일에서 성취감을 느끼면 자신 인생에 만족감을 느끼게 되고 그 에너지로 가족을 잘 보살필 수 있다는 것도 잊지 말자. 나이 든 할머니가 하는 이야기이지만 그래도 인생의 선배이기에, 오랜 시간 교사로 살며 워킹맘의 자리를 지켰던 사람이기에 당부해본다.

엄마도 온전한 한 사람이라는 생각을 가지고 어떤 선택을 했던 그 선택에 최선을 다하라고 말하고 싶다. 예나 지금이나, 또 전업주부나 워킹맘이나 '엄마'라는 이름은 버거운 것이다. 그것이 우리의 숙명이라고 생각한다. 기꺼이 받아들이기를. 좀 더 부지런하고 당당지기를 바란다. 젊은이들이, 주부들이, 엄마들이 진정으로 행복해지기를 온 마음으로 기도한다.

음식으로 바르게 키우기

제철 음식으로 만든 이유식과 아이 밥상

아이가 먹는 음식에도 사계절이 있다. 음식으로서 아이들에게 계절 감각을 살려주는 것이 내 요리의 목적이다. 그러면 계절별로 자연스레 추억도 생긴다. 요즘 아이들에게 추억이 너무 없는 것을 보면 안타깝다. 만들어진 것 속에서 계절을 잊고 살면 어릴 적 기억은 무엇으로 만든단 것일까. 봄에는 들에서 난 새싹을 먹고, 봄의 꽃을 느껴야 하고, 여름에는 신비로운 색감과 열매의 생동감을 줘야 하고, 가을은 젓갈과 장맛을 알아야 할 때다. 뿌리가 생산이 되니 뿌리를 이용한 음식도 먹여야 한다. 겨울은 결실의 고마움을 느끼며 포근한 겨울의 행복감을 느껴야 한다. 우리 민족의 정을 사계절 음식으로 알려주도록 하자.

일러두기

· 1컵은 250cc, 1큰술은 15cc, 1작은술은 5cc를 기준으로 합니다.

· 기름은 식용유를 사용해도 좋고, 들기름과 참기름을 반반 섞은 '들참'을 써도 좋습니다.

· '조금'은 귀이개로 뜬 만큼의 아주 적은 양입니다.

· 매실청, 생강청, 배청 등은 과실을 동량의 설탕으로 재워 숙성시킨 것의 국물을 뜻합니다. 배청 대신 배즙도 사용할 수 있습니다.

· 간장은 진간장(양조간장)과 국간장(집간장)으로 구분합니다.

봄,

계절을 부르는 밥상

화초밭에 원추리가 뾰족뾰족 나왔네

모시조개야 너도 입을 벌려 원추리국 맛 좀 보렴

노랗게 뽀얗고 예쁜 모시조개야

환절기엔 입맛 없다는 사람들이 많다. 특히 봄이 그렇다. 겨우내 저장해두었던 김치를 비롯해 추운 날씨에 해놓은 음식들은 쉽게 변하지 않아 두세 끼는 두고 먹게 되니 봄쯤 되면 비타민 C가 부족하고 입맛은 떨어지게 마련이다. 그나마 요즘은 비닐하우스 덕분에 각종 채소류는 전천후 식품이 되어 겨울에도 딸기, 오이, 호박이 나오고 있으니 다행한 일이다.

그러나 제철에 나오는 식재료는 노천에서 받은 햇빛을 자연스럽게 빨아들여 그 자체에서 나오는 향기, 질감이 있다. 그렇기에 본연의 맛을 낼 수 있고, 때문에 엄마는 음식을 할 때 비닐하우스에서 생산된 것인지 노천에서 나온 것인지 구별해야 한다. 돌나물 물김치를 한다면 들에서 돋아난 돌나물이나 산등성이에서 깨끗하게 살이 통통하게 찐 돌나물을 구해 물김치를 담가야 제 맛을 낼 수 있다.

구수한 맛을 더 원한다면 누룽지 끓인 숭늉을 미지근하게 식혀 국물로 붓고 부뚜막 같이 따뜻한 곳에서 익힌다.

특히 봄철에 아이들에겐 야들야들한 청포묵을 곱게 다져 볶은 고기와 양념하여 새콤달콤하게 무쳐 주면 잘 먹는다. 달걀과 채소를 볶아 넣은 주먹밥, 대추 뺀 약밥을 만들어 흥미 있게 여러 가지 모양 틀에 찍어 꽃송이 밥을 만들어주는 것도 잘 먹는다.

새로 나오는 뿌리와 잎, 향신채소, 근채류를 섭취하고 봄볕을 충분히 쬐서 몸 안에 비타민이 충분히 생성되도록 한다. 나물은 새콤달콤하게 조미하여 먹는데, 녹황색 나물은 지용성비타민인 비타민 A의 전구체가 많아 기름과 함께 조리하는 방법이 영양적으로 좋다. 기름과 조리하면 섬유질이 부드러워져 아이들이 먹기에 좋다는 것도 장점이다.

시금치된장국

봄에 나는 채소는 참 많지만 아이들 입맛에는 달큰하고 부드러운 시금치만한 것이 없다. 탱글탱글한 모시조개가 입을 벌린 모습을 보고 아이들과 "조개야, 너도 된장국 먹어라" 장난치며 봄을 느낀다. 어른들은 비비추, 원추리, 냉이 등으로 끓여줘도 좋다.

재료: 시금치 200g, 쇠고기 50g, 모시조개 8개, 물 2컵, 쌀뜨물 3컵, 된장 2큰술, 다진 마늘 1큰술, 대파 1대

1 시금치는 밑동을 잘라내고 넉넉한 양의 찬물에 담가 30분 정도 두었다가 씻어 건진다. 이렇게 하면 잎에 묻어 있던 고운 흙까지 깨끗이 씻어낼 수 있다. 끓는 소금물에 살짝 데쳐 헹군 뒤 꼭 짜서 송송 썬다.

2 조개는 박박 문질러 씻은 다음 물을 붓고 끓인다. 조개가 입을 벌리면 건져내고 국물은 면보자기에 밭쳐 거른다.

3 쇠고기는 다지고 대파는 어슷하게 썬다.

4 냄비에 쌀뜨물을 넣고 된장을 푼 다음 쇠고기를 넣고 끓인다.

5 팔팔 끓을 때 데친 시금치와 다진 마늘, 대파, 조개국물을 부어 다시 한 번 끓이고 마지막에 삶아 놓은 조개를 넣어 살짝 끓인 뒤 불에서 내린다.

시금치나물

재료: 데쳐서 물기를 짠 시금치 50g, 깨소금 1작은술, 소금 · 설탕 · 참기름 조금씩

1 시금치는 단맛이 돌고 밑동이 불그스름한 포항초로 준비한다. 끓는 소금물에 넣어 살캉살캉하게 데쳐 찬물에 헹군 다음 꼭 짠다.

2 데친 시금치를 송송 썰어 깨소금, 소금, 참기름, 설탕을 넣고 조물조물 무친다.

아이들의 예민한 입맛에는 시금치가 쌉쌀할 수 있으니 설탕을 조금 넣는다. 설탕은 생략해도 무방하다.

탕평채

하얀 녹두묵에 갖은 고명을 얹은 탕평채는 조선 영조 때 여러 당파가 협력하여 잘 지내기를 바라며 만든 정책인 탕평책과 그 의미를 같이 하는 음식이다. 뜻도 좋지만 맛도 못지않아 어른 아이 할 것 없이 별미로 즐긴다. 아이들 용으로 만들 때는 고명을 너무 다양하게 하지 말고 아이 입맛에 맞는 것으로 단순하게 하면 좋다.

재료: 녹두묵(청포묵) 70g, 쇠고기 30g, 달걀 1개, 김가루 조금, 소금 · 설탕 · 진간장 · 참기름 조금씩

1 녹두묵은 잘게 채를 썰어 끓는 물에 살짝 데친다.

2 데친 묵은 찬물에 담가 식혀 물기를 뺀다.

3 쇠고기는 곱게 다져 키친타월 위에 올려 핏물을 빼고 진간장, 설탕, 참기름으로 밑간하여 팬에 볶아 식힌다.

4 달걀을 풀어 기름을 살짝 두른 팬에 붓고 젓가락으로 저어가며 볶는다.

5 ④에 데친 묵과 쇠고기를 넣어 섞고 김가루를 올린 뒤 참기름을 넣어 살살 섞어 그릇에 담는다.

전통 탕평채에 들어가는 미나리, 버섯, 실고추 등은 향이 강해 아이들이 먹기에 익숙지 않은 재료이므로 빼고 요리한다.

잡채

"맛있다, 맛있다! 더 주세요!"
엄마들은 이런 말 들으려고 만들기 힘든 요리도 기꺼이 한다. 예나 지금이나 잡채만큼 호불호 없이 확실하게 인기 있는 요리도 없다.

재료: 당면 50g, 달걀 1개, 쇠고기(우둔살) 50g, 느타리버섯 30g, 불려서 물기를 짠 목이버섯(또는 백목이버섯) 20g, 오이 1개, 당근 30g, 데쳐서 물기를 짠 시금치 10g, 잣가루 조금, 식용유 · 소금 적당량
전체 양념 진간장 1큰술, 설탕 1¼큰술, 깨소금 · 참기름 1작은술씩, 다진 파 1/2큰술, 다진 마늘 1/2작은술, 후춧가루 조금
당면 양념 진간장 1/2큰술

1 당면은 미지근한 물에 30분 정도 불려 7~8cm 길이로 자른 뒤 끓는 물에 식용유 1큰술을 넣고 삶아 소쿠리에 건진다. 기름을 조금 넣고 진간장 1/2큰술에 밑간한다.

2 달걀은 흰자와 노른자를 따로 풀어 지단을 얇게 부친다.

3 전체 양념 재료를 한데 섞어 양념장을 만든다.

4 느타리버섯은 밑동을 자르고 쭉쭉 찢어 젖은 행주로 비벼 닦고 기름을 조금 두른 팬에 소금을 아주 조금만 넣고 달달 볶는다. 목이버섯은 따듯한 물에 불렸다가 꼭 짜서 기름을 두른 팬에 넣고 살짝 볶아 식힌다.

5 오이는 5~6cm 길이로 자르고 돌려 깎아 채 썬 뒤 달군 팬에 기름을 두르고 살짝 볶아 식힌다. 당근은 채 썰어 기름을 두른 팬에서 소금을 조금 넣고 살짝 볶아낸 다음 접시에 펼쳐 식힌다. 시금치는 끓는 소금물에 데친 다음 물기를 꼭 짜고 송송 썬다.

6 ④, ⑤를 한데 섞어 전체 양념의 절반을 넣고 버무린다.

7 쇠고기는 결 방향으로 채 썰어 남은 전체 양념의 반을 넣고 밑간 한 뒤 볶아 식힌다.

8 당면, 쇠고기, ⑥을 한데 넣고, 남은 전체 양념을 넣어 버무린 뒤 남겨둔 달걀지단과 잣가루를 고명으로 얹어 낸다.

병어조림

재료: 병어 1마리, 무 100g, 실파 20g, 진간장 3큰술, 물 3큰술, 설탕 1/2큰술,
다진 마늘 1큰술, 배청 1½큰술, 생강청 1/2작은술, 깨소금 · 참기름 1/2큰술씩

1 병어는 비늘이 벗겨지지 않은 신선한 것으로 준비해 소금을 슬쩍 뿌려 20~30분 둔
다. 내장을 빼내고 씻은 뒤 등 쪽에 2cm 간격으로 비스듬히 칼집을 넣는다.

2 무는 길이로 반을 갈라 반달 모양으로 도톰하게 썬다.

3 실파는 4cm 길이로 썬다.

4 진간장, 물, 설탕, 다진 마늘, 배청, 생강청, 깨소금, 참기름을 섞어 양념장을 만든다.

5 냄비에 무를 깔고 양념장의 반을 끼얹고 그 위에 병어를 놓는다. 병어 위에 나머지
양념장을 고루 끼얹어 끓인다.

6 자글자글 끓을 때 잠깐 뚜껑을 덮는다. 병어 윗면까지 익어 가면 뚜껑을 열고 냄비
바닥에 있는 끓는 국물을 숟가락으로 떠서 병어에 끼얹으며 윤기 나도록 뚜껑을 열
고 조린다. 조림은 국물이 겉돌지 않고 바특해야 한다.

살이 부드러운 병어나 갈치, 조기 같은 생선을 아이에게 줄 때는 젓가락 대신 숟가락을 이용
해 떠먹인다.

돌나물김치

살이 오른 돌나물을 뜯어다가 숭늉으로 국물을 만들어 담근 돌나물김치는 봄을 전하는 맛이다. 상온보다 따뜻한 부엌이나 부뚜막에 하루 이틀 두고 잘 익혀 먹어야 옛날에 먹던 그 맛이 난다.

재료: 돌나물 3컵, 실파 2뿌리, 풋마늘 20g, 숭늉 3컵, 소금·설탕·고운 고춧가루 1/2큰술씩

1 돌나물을 깨끗이 씻어 항아리에 넣는다. 실파는 2cm 길이로 썰고, 풋마늘은 2cm 길이로 채 썰어 돌나물 위에 올린다.

2 미지근한 숭늉에 소금, 설탕, 고운 고춧가루를 풀고 고운체로 거른다.

3 항아리에 ②의 국물을 붓고 돌나물이 뜨지 않도록 숟가락으로 살살 누른다.

4 항아리 뚜껑을 덮어 상온보다 조금 따뜻한 곳에서 하루 반에서 이틀 동안 익혀 돌나물 잎이 누렇게 동동 뜨면 꺼내 먹는다.

완두콩밥

재료: 불린 쌀 2컵, 완두콩 1/2컵, 쌀 불린 물 2컵

1 쌀은 첫물은 재빨리 따라 버리고 두 번째 물부터 가볍게 비벼 씻어 3~4번 씻어낸다. 다시 물을 붓고 30분~1시간 정도 불린다. 소쿠리에 건져 물과 쌀을 분리한다. 쌀 불린 물은 요리에 사용할 것이니 버리지 않는다.

2 완두콩은 햇것으로 준비해 깍지를 까고 콩알을 소금물에 살짝 씻어 건진다.

3 냄비에 불린 쌀과 쌀 불린 물을 1:1로 넣고 불에 올린다.

4 처음에는 센불에서 끓이다가 밥물이 우르르 끓어오르면 중불로 낮춰 밥물이 잦아들도록 끓인 뒤 완두콩을 넣고 약한 불에서 10~15분 동안 뜸을 들인다.

5 뜸이 들어 밥이 윤기 있게 되었을 때 바로 뚜껑을 열어 작은 나무주걱으로 섞고 살살 떠서 밥그릇에 담아 낸다.

뜸을 너무 오래 들이면 밥에 윤기가 나지 않고 푸석푸석해지므로 주의한다.
완두콩은 소금물에 씻어 건져 뜸 들일 때 넣으면 색이 파랗고 예쁘다.

알쌈밥

아이들 어렸을 때 도시락에 넣어주면 참 좋아했다. 유치원 갈 때도 점심으로 알쌈밥을 넣어주면 잘 먹었다. 달걀은 완전식품이라 아이들이 이유식을 먹을 때부터 성장기 내내 자주 먹였다.

재료: 따뜻한 밥 1/2공기, 달걀 2개, 참기름 · 통깨 · 검은깨 · 소금 조금씩

1 달걀을 풀어 체에 내린다.

2 더운밥에 참기름, 통깨, 검은깨, 소금을 조금씩 넣고 버무려 은행 알 만하게 동그랗게 빚는다.

3 팬을 달궈 기름을 두른 다음 종이로 한번 닦아내고 달걀물을 한 숟가락씩 떠서 갸름한 타원형으로 편다. 달걀이 다 익기 전에 밥 뭉친 것 하나를 올려놓고 반달 모양으로 달걀을 덮어 익힌다.

프라이팬 한쪽을 냄비 등으로 받쳐 기울인 다음 가장자리의 오목한 쪽에 알쌈밥을 몰아놓고 만들면 예쁜 반달 모양으로 만들 수 있다.

달걀밥

어릴 적 골방에서 소꿉놀이삼아 만들어 먹던 음식이다. 옛날에는 화로에 구웠는데 지금은 화로가 없으니 고구마 굽는 직화냄비에 올려서 구워보았다. 익으면 꺼내어 삶은 달걀 까듯 톡톡 두들겨 껍질을 벗긴다. 껍질 안에서 달걀 모양으로 뭉쳐진 밥이 나오는데 어릴 적에는 이것이 여간 재미있지가 않았다.

재료: 불린 쌀 1/3컵, 달걀 3개, 소금 · 참기름 조금씩

1 달걀의 갸름한 쪽이 위로 오도록 잡고 칼로 톡톡 쳐서 위쪽에 구멍을 낸다. 껍질을 조금씩 떼어 티스푼이 들어갈 만한 구멍을 낸 다음 뒤집어서 달걀을 따라낸다.

2 속을 뺀 껍질 안쪽에 참기름을 1방울 떨어뜨리고 손가락을 집어넣어 고루 바른다.

3 불린 쌀을 건져 달걀껍질의 1/3이 차도록 담는다.

4 ①에서 따라낸 달걀을 풀어 티스푼으로 1숟가락 떠서 ③의 쌀 위에 살살 붓는다.

5 ③의 쌀 불린 물에 소금 간을 약하게 하여 달걀 안에 가득 차도록 붓는다.

6 한지를 동그랗게 오려 가장자리에 가위집을 내고 물을 묻힌 다음 달걀 위에 덮어 구멍을 막는다.

7 냄비 바닥에 달걀이 쓰러지지 않도록 받침을 두고 달걀 3개를 모두 세워놓은 다음 젓가락으로 사방을 받쳐 고정한다.

8 아주 약한 불에서 30분 이상 그대로 두어 밥이 되도록 한다.

쑥콩죽

이른 봄에 먹이면 좋은 영양식인데 '대두'라고 부르는 흰콩을 불려 죽을 쑨다. 콩죽을 쑤는 방법으로 두 가지가 있다. 콩을 갈아서 그대로 쑤는 것은 껍질이 함께 들어가 거친 느낌이 나지만 더 구수한 맛이 나고 변비가 있는 사람에게 도움을 준다. 하지만 껍질이 들어가므로 아이나 노인이 먹기에는 부담스러울 수 있다. 아기나 노인이 먹을 것은 '어레미'라는 굵은 체에 밭쳐 거친 건더기를 걸러내고 고운 콩물만을 이용한다. 콩물로 쑤는 죽은 쌀도 곱게 갈아 체에 밭쳐서 넣는다. 이렇게 하면 소화가 잘되는 영양식이 된다. 쌀이 퍼지며 콩죽이 되어갈 때 새파란 쑥잎을 넣으면 이른 봄을 꼭 닮은 요리가 된다. 땅콩이나 잣을 섞기도 한다.

재료: 불린 대두 2컵(대두 1컵을 불린 양), 불린 쌀 1컵, 쑥 1줌, 물 5~6컵, 소금 조금

1 콩 1컵을 물에 담가 하루 저녁 충분히 불리면 퉁퉁 불어 2컵이 된다. 불린 콩 2컵과 물 2컵을 믹서에 넣고 곱게 간다.

2 콩 간 것을 냄비에 담고 ①의 믹서에 불린 쌀 1컵과 물 1컵을 넣어 간다. 쌀은 너무 곱게 가는 것보다 알갱이가 살짝 느껴지도록 한다.

3 콩 냄비에 쌀 간 것을 넣고 중불에서 함께 끓인다. 뭉근하게 익어 되직해지면 농도에 따라 물을 조금 더 넣어도 좋다.

4 쑥은 깨끗이 씻어 잎만 따놓았다가 콩죽이 거의 다 끓었을 때 마지막에 넣어 바로 불을 끄고 그릇에 담아낸다. 소금을 곁들여 낸다.

쑥을 찬물에 담갔다가 건져 넣으면 더욱 새파랗고 신선하다.

송편

추석뿐 아니라 4월 한식 때도 송편을 만든다. 한식 즈음이 되면 새로
돋아난 연둣빛 솔잎을 딸 수 있다. 송편을 찔 때는 솔잎을 깨끗하게 씻
어 깔고 찐다. 아이들은 깨를 넣은 송편을 좋아하고 어른들은 녹두를
넣은 송편을 최고로 친다. 지역마다 집안마다 빚는 모양이 다양하며,
예로부터 송편을 예쁘게 빚으면 예쁜 딸을 낳는다고 하는 이야기에 솜
씨를 부려보곤 했었다.

재료: 멥쌀가루 10컵, 데친 쑥 50g, 끓는 물 1/2~2/3컵, 참기름 · 솔잎 적당량
녹두소 껍질 벗긴 녹두 1컵, 소금 1/2작은술, 설탕 1큰술
밤소 밤 8개, 설탕 1/2큰술, 소금 1/2작은술, 계핏가루 조금
콩소 푸르대콩(청태) 1/2컵, 소금 1/2작은술, 설탕 1큰술
깨소 껍질 벗긴 참깨 1/2컵, 꿀 1/2작은술, 소금 1/2작은술, 설탕 1/2큰술

1 분량의 쌀가루는 2등분 한다. 절반에는 끓는 물을 조금씩 부어가며 되직하게 익반죽
하고, 나머지 절반에는 데친 쑥을 곱게 다져 넣고 색이 하나가 되도록 비벼가면서 고
루 섞은 다음 끓인 물을 부어 익반죽한다. 두 가지 반죽 모두 오랫동안 치대어 차지
게 한 다음 젖은 면보자기로 덮어둔다.

2 껍질 벗긴 녹두는 물에 충분히 불려 찜통에 찐 뒤 소금, 설탕을 넣고 믹서에 곱게 갈
아 녹두소를 만든다. 밤도 푹 삶아 껍질을 벗기고 빻은 다음 소금, 설탕, 계핏가루를
섞어 밤소를 만든다.

3 껍질 벗긴 참깨는 프라이팬에 볶은 뒤 꿀, 소금, 설탕을 넣고 간을 맞춰 깨소를 만든
다. 푸르대콩도 껍질을 까고 깨끗이 씻은 뒤 소금, 설탕을 넣고 버무려 콩소를 만든다.

4 흰 반죽과 쑥 반죽을 밤톨만큼씩 떼어 둥글게 빚은 다음 엄지손가락으로 가운데를
꼭 눌러 살짝 판다. ②, ③의 소를 하나씩 골라 넣고 반죽을 오므려 반달 모양으로 마
무리한 다음 가장자리를 꼭꼭 눌러 예쁘게 빚는다.

5 시루나 찜통에 깨끗이 씻은 솔잎을 깔고 송편을 가지런히 얹은 다음 다시 솔잎으로
덮는다. 솔잎 위에 송편을 또 얹고 다시 솔잎으로 덮기를 반복하여 떡을 차곡하게 올
려 찐다.

6 20분 정도 찐 다음 떡이 익으면 찜통에서 꺼내 찬물에 넣어 재빨리 헹궈 건진 뒤 소
쿠리에 담고 참기름을 발라 한김 식혀 완성한다.

방앗간에서 찧어온 쌀가루에는 소금이 조금 들어가 있기 때문에 간을 따로 할 필요가 없다.

화전

색색의 꽃이 피어 아름다운 화전은 아이들과 함께 만들기 좋은 우리 음식이다. 장미꽃잎, 국화꽃잎 올려 만든 화전이 어린 시절 내 눈에는 마냥 호사스러워보였다. 이 꽃떡 만드는 날이면 잔뜩 기대에 부풀었던 생각이 난다.

재료: 찹쌀가루 3컵, 치자물(치자 1개, 따뜻한 물 1컵), 오미자물(오미자 1큰술, 찬물 1컵), 뽕잎가루 1큰술, 물 1큰술, 설탕·식용유 적당량

1 치자는 반을 쪼개어 따뜻한 물에 담가 4~5시간 우려 노란 물을 만든다. 오미자는 찬물에 담가 하루 저녁 우려내 붉은 물을 만든다.

2 찹쌀가루를 3등분해 한 곳에는 치자물 1큰술을, 또 한 곳에는 오미자물 1큰술을 섞는다. 나머지 하나에는 먼저 뽕잎가루를 넣어 고루 섞은 다음 물을 넣어 섞는다. 화전 반죽은 물을 적게 주어 부슬부슬 가볍게 해야 한다. 너무 치대어 끈기가 생기지 않도록 한다.

3 다식판에 랩을 깔고 반죽을 적당히 떠 넣은 뒤 랩을 반으로 접어 덮은 다음 위를 살짝 눌러 판판하게 다지고, 엄지와 검지로 꼬집듯이 사방에 손자국을 내서 살살 꺼낸다. 이렇게 3가지 색의 반죽을 여러 개 만든다.

4 140℃의 기름에 반죽을 넣어 살짝 튀겨내고 바로 건져 설탕을 솔솔 뿌린다.

여름에는 장미꽃잎을 찢어 넣고 화전을 부쳐보자. 향과 모양이 봄꽃과 또 다르게 멋스럽다.

여름,

하동下同들은 쑥쑥 자란다

오월 단오절은 삼라만상이 소생하여 연두빛으로 신록이 무르익는 계절이다. 농사짓는 사람들이 가장 바쁠 때다. 나무에는 열매가 무르익고 아이들은 물놀이를 시작하는 때를 맞이하니, 동심의 놀이로 한 철을 맞이한다. 어른들 말씀에 '아이들은 여름에 쑥쑥 자란다'고 하셨다. 더운 날씨에 뼈도 쑥쑥 자라고 살도 찐다고. 기를 펴서 그런지 여름이 지나고 나면 아이들의 키가 멀쑥하게 커져서 옷을 늘여 바느질을 하셨으니 그 말씀이 맞는지도 모른다.

비가 자주 오는 오월에는 삼태기와 양동이를 들고 냇물이나 논의 물고로 가 푸서리를 발로 쑤셔대면 삼태기 속으로 미꾸라지들이 쫓겨 들어온다. 양동이에 주워 담으면 한번 끓여 먹을 천렵 거리로는 충분했다. 어머니는 옹배기에 미꾸리를 담고 소금을 뿌려서 호박잎으로 썩썩 비벼 씻어서 애호박을 삐져 넣고 얼큰하게 미꾸리국(지지미)을 끓여주셨다. 그해 천렵이 시작되는 오월은 이렇게 맞이하였다. 윗개 천에서 큰 돌을 일으키면 가재도 나왔고 송사리도 잡혔다. 미꾸리 역시 잡을 수 있었으니 아이들 놀잇감으로는 최고였다.

비가 주룩주룩 오는 날이면 할머니가 해주신 별식도 잊을 수 없다. 밀가루 반죽 홍두깨로 밀어 썰면 물결무늬로 국수가락이 나왔다. 그 걸로 구뜨름한(구수한) 칼싹두기를 끓여주셨다. 늙은 호박 넣은 풀떼기도 비 오는 날 음식이다.

한편 앵두, 살구, 오디도 익어가니 여름은 아이들의 계절이기도 했다. 오월 단오절 차례상에는 증편(술떡)에 앵두화채, 오미자 물에 탄 떡수단이 올랐다. 여름철 낭만적인 음료였다. 또 수박이 익으면 수박 화채 속에 하얀 찹쌀 옹심이를 띄워 주셨는데, 옹심이 건져 먹는 재미로 우리에게 여름은 행복한 계절이었다. 어머니께선 앵두, 살구, 포도로 투명한 분홍, 노랑, 보라색 편을 야들야들하게 만드시어 증조할아버지 생신상에 놓으셨다. 그러면 치아 부실하신 할아버지와 손님들께는 시원한 화채와 녹말편을 환한 웃음으로 맞으셨다. 여름에 태어나신 증조할아버지의 생신날에 맞춰 서울(문안)에서 오셨던 손님들은 그 행복을 맛보시고 전나무길로 길을 나섰다. 그 여름은 그렇게 지나갔다.

오이무름

밭에서 갓 따온 애오이를 소금에 문질러 비취색을 내고 버섯채와 고기 채를 양념하여 쏙쏙 집어넣은 오이무름은 눈까지 즐겁게 해주는 음식이다. 잣가루 띄운 초장을 살짝 찍어 먹는데, 새파랗게 익은 오이는 달큰하고 버섯은 향기롭다. 아이들의 입에도 아름다운 신록의 향을 담아주고 싶어 여름이면 이 음식을 상에 낸다.

재료: 애오이 3개, 양파 1/4개, 쇠고기(우둔살) 50g, 표고버섯 2개, 목이버섯 3개, 석이버섯 3개, 달걀 1개, 소금 적당량, 밀가루 적당량
쇠고기 양념 진간장 1큰술, 다진 파 1큰술, 다진 마늘 1/2큰술, 후춧가루 1/4작은술, 깨소금 · 참기름 1/2큰술씩
장국 물 2컵, 국간장 1/2큰술, 소금 1/4작은술

1 오이는 소금으로 박박 문질러 씻은 뒤 3~4cm 길이로 토막을 내고 단면 한쪽을 숟가락으로 파낸다.

2 쇠고기는 결대로 채를 썰고 표고버섯과 석이버섯은 불려서 채 썬다.

3 쇠고기에 양념을 넣어 버무리고 채 썬 표고와 석이버섯을 넣어 섞는다.

4 오이는 속을 파낸 쪽이 위로 오도록 가지런히 세우고 밀가루를 조금만 솔솔 뿌린다.

5 ③의 고명을 오이 위에 소복하게 올린다. 재료가 튀어나오지 않게 매만진다.

6 양파를 채 썰어 냄비 바닥에 깔고 ⑤의 오이를 가만히 올린다.

7 물에 국간장과 소금을 넣고 섞어 장국을 만든 다음 오이가 푹 잠기지 않도록 자작하게 붓고 뚜껑을 덮어 중간 불로 끓인다.

8 오이와 고기가 익으면 곱게 푼 달걀물을 고루 주르륵 흘려 넣어 알줄을 친다.

9 달걀이 익으면 그릇에 담는다. 초간장을 곁들이면 좋다.

오이갑장과

꼬들꼬들한 오이 맛만으로도 좋지만 목이, 석이 같은 검은 버섯이 들어가야 비로소 오이갑장과 답다. 삶은 달걀 하나를 곁들여 주는 것은 식물성 영양소만 먹지 말고 동물성 단백질도 고루 먹으라는 옛 어른의 지혜다.

재료: 애오이(백오이) 3개, 쇠고기 50g, 표고버섯 3개, 진간장 2큰술, 설탕 1큰술, 삶은 달걀 1개, 잣가루 조금
양념장 진간장 1큰술, 다진 파 1큰술, 다진 마늘 1/2큰술, 배청 또는 설탕 1큰술, 후춧가루 1/4작은술, 깨소금 · 참기름 1/2큰술씩

1 오이는 굵은 소금으로 비벼 거품이 나도록 꼼꼼히 씻는다. 오이가 비취색을 띠면 절여지도록 10분 정도 두었다가 씻는다.

2 ①의 오이를 4cm 길이로 토막을 내고 껍질째 두껍게 돌려 깎아 1cm 너비로 자른다.

3 쇠고기는 채 썰고 표고는 물에 불린 다음 포를 뜨듯 저며 채를 썬다. 고기와 표고버섯을 양념장 재료의 절반을 넣어 버무린다.

4 오이를 면보자기에 펼쳐놓고 돌돌 말아 물기를 꼭 짠다.

5 팬에 기름을 살짝 두르고 오이를 볶은 다음 접시에 펼쳐 식힌다.

6 팬에 고기와 버섯을 넣고 달달 볶아 접시에 펼쳐 식힌다.

7 다시 팬을 달궈 오이, 고기, 버섯을 넣고 남은 양념장과 진간장, 설탕을 넣어 재빨리 볶는다. 불에서 내려 바로 접시에 펼쳐 식힌다. 그래야 오이가 누렇게 되지 않고 꼬들꼬들한 맛이 산다.

8 그릇에 담아 잣가루를 조금 뿌리고 삶은 달걀을 곁들여 낸다.

오이밥

비빔밥은 아이들에게 여러 가지 식재료를 경험하게 하는 좋은 방법이
다. 오래된 전통만 고집하는 집안에 시집을 와서 옛 선조들의 음식만
만드셨지만 우리 어머니는 신식교육을 받은 개화된 여성이었다. 그 어
머니가 우리에게 해주셨던 신식 음식 중 하나가 팬에 볶아서 만든 비
빔밥이다. 달걀도 들어가 영양가가 더해진다.

재료: 오이 1개, 당근 20g, 달걀 1개, 다진 쇠고기 20g, 진간장 2큰술, 밥 1공
기, 소금 · 참기름 · 검은깨 · 석이가루 조금씩

1 오이는 돌려 깎아 채 썰어 다지고 당근도 다진다.

2 쇠고기는 다져서 기본양념을 넣어 조물조물 무친다. 소금을 살짝 넣어 간을 좀 더 한
다. 그래야 밥과 섞였을 때 간이 맞다.

3 달걀은 곱게 풀어 체에 한 번 내린 다음 프라이팬에 기름을 살짝 두르고 볶는다. 달
걀물을 부은 후 잠시 기다렸다가 젓가락으로 슬쩍 슬쩍 저어주면 적당히 엉기며 익
는다.

4 볶은 달걀은 접시에 펼쳐 식힌다.

5 팬에 양념한 쇠고기를 넣어 볶다가 오이와 당근을 넣고 볶는다.

6 ⑤에 따뜻한 밥을 넣어 섞고 달걀을 넣어 다시 섞는다. 재료들이 고루 섞이고 밥알이
고슬고슬 하도록 볶은 뒤 불을 끈다.

7 아이들이 좋아하도록 아이스크림 숟가락을 이용해 봉긋하게 담고 달걀가루, 흑임자,
석이가루를 뿌려 낸다.

삶은 달걀노른자를 체에 내려 솔솔 뿌리고 다진 석이버섯도 뿌리면 색감이 곱게 살아나
더 먹음직스럽다.

한여름에는 오이지나 짠지무김치를 송송 썰어 물에 담가 물김치로 곁들인다.

오이지밥

물에 오랫동안 담겨 있어 짠맛을 거의 다 빼낸 짠무김치나 오이지 등을 가지고 만든다. 그래도 생으로 먹는 무나 오이와는 달라서 소금에 의해 발효된 특유의 감칠맛을 지니고 있다. 꼬들꼬들, 오독오독한 식감과 발효음식의 깊은 맛을 아이가 느낄 수 있다.

재료: 다진 오이지 20g, 다진 짠무(무짠지) 20g, 다진 쇠고기 30g, 다진 표고버섯 10g, 밥 1공기, 달걀 2개
양념 진간장 2큰술, 다진 마늘 1큰술, 깨소금 1큰술, 참기름 1/2큰술, 설탕 1큰술, 후춧가루 1/4작은술

1 오이지와 짠무는 곱게 채 썰어 물에 담그고 염도에 따라 20분~반나절 정도 둔다.

2 양념장을 만들어 절반을 쇠고기에 넣고 무친다.

3 표고버섯은 더운 물에 담가 불린 다음 다진다.

4 오이지와 짠무를 물에 헹궈 꼭 짠다. 면보자기에 펼쳐놓고 돌돌 말아 빨래 짜듯 짜서 물기를 없앤 다음 송송 썰어 다진다.

5 달군 팬에 기름을 두르고 달걀을 곱게 풀어 붓는다. 젓가락으로 저어가며 몽글몽글하게 익힌 다음 접시에 펼쳐 식힌다.

6 팬에 양념한 쇠고기를 넣고 볶다가 익으면 준비된 표고, 오이지, 짠무, 달걀, 밥을 넣고 남은 양념장을 섞어 비벼가며 볶는다. 서로 어우러지면 그릇에 담는다.

오이지

오이지는 노란 꽃이 시들지 않고 매달린 싱싱한 오이로 담가야 맛이 좋다. 표면에 가시가 오톨도톨하게 나온 재래종 백오이로 20cm 정도 길이의 것이 적당하다. 요즘 일반적인 가정에서 담그기에 오이 한 접(100개)은 많고 오이 한 거리(50개)가 적당하겠다.

재료: 백오이 50개, 물 5ℓ, 굵은 소금 600g

1 오이는 표면에 가시가 오톨도톨하게 나온 싱싱한 백오이로 준비한다. 너무 크지도 작지도 않은 중간 크기로 길이 20cm가 적당하다.

2 냄비에 분량의 물과 소금을 넣고 팔팔 끓인 뒤 오이를 다섯 개씩 넣어 슬쩍 데치듯이 건져 독에 담는다.

3 50개를 모두 데쳐 항아리에 차곡차곡 담고 무거운 돌로 꾹 눌러놓는다.

4 ②의 데친 물을 다시 한 번 팔팔 끓여 ③에 붓는다. 항아리 뚜껑을 연 채로 서늘한 곳에 1주일간 둔다. 1주일이 지나고 항아리에 손을 대봐서 온기가 완전히 사라졌다면 뚜껑을 덮어 둔다. 20일 정도 지나면 맛이 든다.

15~20일 정도 지나 오이가 누렇게 익으면 집게로 하나씩 집어 국물에 흔들어 건져서 보관용 밀폐용기에 차곡차곡 담는다. 빈틈이 생겨 공기가 들어가면 안 되니 최대한 빈 공간이 생기지 않도록 가지런히 담아야 한다. 꼭꼭 눌러 담고 윗면에 올리고당을 고루 뿌려 오이지와 공기와의 접촉을 다시 막아준다. 다시 윗면을 비닐로 덮은 다음 뚜껑을 덮어 김치냉장고에 보관해두고 먹는다. 삼투압 작용에 의해 오이에 있던 물이 밖으로 나와 적당하게 국물이 생긴다. 김밥 쌀 때나 밥을 비벼 먹을 때 단무지 대신 넣는다.

베보자기 주머니에 고추씨와 말린 굴비대가리를 넣어 꼭 묶은 다음 항아리 맨 밑에 놓고 오이지를 담그면 맛이 더욱 좋다. 굴비대가리는 잘 말린 것을 써야한다.

백숙

여름 보양에서 빠트릴 수 없는 음식이다. 그런데 백숙이라 하면 대체로 닭 한 마리가 다리를 꽁꽁 묶인 채 뚝배기에 담긴 모습이어서 볼 때마다 기분이 불편하다. 특히 어린 아이들에게는 그런 모습 보이지 않았으면 하여 나는 닭의 관절을 잘라 큰 토막으로 끓인다. 밥은 따로 베보자기 주머니에 담아서 넣으면 국물도 깨끗하고 먹기 편하다. 찹쌀만 넣으면 아이들이 먹기에 느끼하기 때문에 멥쌀 반, 찹쌀 반, 녹두, 차조와 섞어서 지으면 구수해서 잘 먹는다.

재료: 토종닭(2kg) 1마리, 찹쌀 · 멥쌀 1/2컵씩, 녹두 1/3컵, 차조 1/4컵, 수삼(손가락만한 작은 것) 1뿌리, 대추 5개, 황기 1/2뿌리, 마늘 6쪽, 밤(껍질 깐 것) 5개

1 찹쌀, 멥쌀, 녹두, 차조는 모두 깨끗이 씻어 1시간 정도 불린다.

2 닭은 꽁지를 잘라내고 기름을 떼어낸 다음 깨끗이 씻어 관절 부분을 잘라 큼직하게 토막을 낸다.

3 수삼은 깨끗이 씻어 반으로 자른다. 대추와 황기는 씻어 둔다.

4 베주머니에 찹쌀, 멥쌀, 녹두, 차조를 담고 입구를 실로 묶는다.

5 깊이가 있는 냄비에 닭과 수삼, 대추, 밤, 마늘, 황기를 넣고 ④의 베주머니를 넣어 재료가 모두 잠기도록 넉넉하게 물을 붓고 끓인다. 압력밥솥에 할 때는 20분, 냄비에 할 때는 30분간 끓인다. 너무 오래 고면 맛이 없다.

6 닭이 익고 뽀얀 국물이 우러나면 뚝배기처럼 두툼한 그릇에 담는다. 베주머니에서 밥을 꺼내 함께 담는다.

아이들이 먹을 백숙에는 소금이나 후춧가루 간을 하지 않는 것이 좋다.

오이눈썹나물

여인네 눈썹처럼 반달모양을 한 오이를 새파랗게 볶아놓으면 아작아
작 씹히는 맛에 없던 밥맛도 생겨난다. 오이를 볶고 식히기를 재빠르
게 해야 그 맑은 초록빛이 식탁 위에서도 살아 있다.

재료: 오이 3개, 소금 1큰술, 쇠고기(우둔살) 50g, 석이버섯 2개, 참기름 1/2큰
술, 식용유 적당량
쇠고기 양념 진간장 1작은술, 다진 파 · 다진 마늘 · 깨소금 1/2작은술씩, 설탕
1작은술, 후춧가루 조금

1 오이는 껍질이 연한 백오이로 준비하여 소금으로 오랫동안 문질러 씻은 다음 길이로
  2등분한 뒤 반달 모양으로 얇게 썬다.

2 오이를 면보자기에 싸 물기를 꼭 짠다.

3 석이버섯은 따뜻한 물에 충분히 불려서 손질한 뒤 물기를 꼭 짜고 곱게 채 썬다.

4 팬을 달궈 기름을 살짝 두르고 ②의 오이를 재빨리 볶아 접시에 펼쳐 식힌다.

5 쇠고기는 곱게 다져 조물조물 양념한다. 달군 팬에 물기가 없도록 달달 볶아 재빨리
  접시에 펼쳐 식힌다.

6 팬을 다시 달궈 쇠고기와 오이를 넣고 고루 섞은 뒤 참기름을 넣고 슬쩍 볶는다. 넓
  은 접시에 담고 부채질하여 재빨리 식혀 그릇에 담고 석이채를 얹는다.

오이를 소금으로 오랫동안 문지르면 껍질에 비취색이 돌고 알맞게 절여진다. 급하게 하지
말고 천천히 힘을 주어 문질러야 한다.

감자국

재료: 감자 2개, 쇠고기(다진 것) 1큰술, 송송 썬 대파 조금, 물 2~3컵, 국간장·소금 조금씩
쇠고기 양념 진간장 1/2작은술, 다진 마늘 1/2작은술, 참기름 1/2작은술, 후춧가루 아주 조금

1 다진 쇠고기에 양념을 넣고 조물조물 무친다. 감자는 껍질을 벗겨 2등분 또는 4등분을 하여 0.7cm 두께로 썬다.

2 냄비에 쇠고기를 넣고 물을 조금씩 치면서 달달 볶는다.

3 고기가 익으면 감자를 넣고 소금, 국간장으로 간을 맞춰가며 볶는다.

4 물을 2~3회로 나눠 넣으며 끓인다.

5 송송 썬 파를 조금 넣는다.

민어전

재료: 민어포 100g, 소금 · 흰 후춧가루 조금, 밀가루 적당량, 달걀 2개, 달걀 노른자 1개분, 식용유 적당량

초간장 식초 · 진간장 1작은술씩, 물 2작은술, 설탕 조금

1 포를 뜬 민어는 면보자기로 살살 눌러 물기를 없애고 소금과 흰 후춧가루를 뿌려 밑간한다.

2 작은 그릇에 달걀 2개와 따로 준비한 노른자를 넣고 젓가락을 이용해 한 방향으로 저어가며 멍울을 푼다.

3 밑간한 민어포에 밀가루를 묻혀 툭툭 털어낸 뒤 달걀물을 입힌다. 달군 팬에 기름을 조금 두르고 민어를 올려 부서지지 않도록 조심하면서 중간 불에서 노릇하게 지져낸다.

4 초간장을 만들어 곁들인다.

민어 이외에 도미, 대구 등 흰살생선을 이용하면 된다.

가지나물

여름날이면 어머니가 큰 가마솥 밥에 뜸을 들일 때 가지나 애호박을 넣고 쪄서 새콤달콤하게 무쳐주곤 하셨다. 가지나물은 식초가 들어가 새콤달콤해야 맛있다. 가지를 폭 쪄서 껍질 쪽은 질기니 안쪽 보드라운 살을 집어 먹이면 아이들이 잘 먹는다. 가지는 윤기가 자르르 나는 것이 좋고, 오이는 윤기 없이 가시가 더덕더덕 빳빳하게 난 것이 좋다.

재료: 가지 1개, 통깨 조금
양념장 국간장 1작은술, 물 1/2큰술, 다진 마늘 1/2작은술, 깨소금 · 설탕 · 식초 1/2작은술씩, 참기름 1/3작은술

1 가지는 껍질에 윤기가 나면서 모양이 매끈하게 쪽 고른 애가지로 준비하여 6~7cm 길이가 되도록 큰 것은 3등분, 작은 것은 2등분한다.

2 찜통에 가지를 찐다. 젓가락이 푹 들어갈 정도가 되면 꺼내어 한김 식힌다.

3 양념장 재료를 모두 섞는다.

4 가지 껍질은 아이들에게 질기니 껍질을 벗기고 살을 발라내어 길게 쭉쭉 찢는다.

5 가지에 양념장을 넣어 무친다. 너무 힘을 주어 무치면 가지가 뭉그러지므로 가볍게 조물조물 무친 다음 통깨를 뿌려 낸다.

가지는 통으로 쪄야 보라색 물이 나오지 않는다. 잘라서 찌면 뽀얀 속살에 보라색 물이 든다.

애호박초나물

재료: 애호박 1개, 통깨 조금

양념장 국간장 1작은술, 물 1큰술, 다진 마늘 1/2작은술, 깨소금 · 설탕 · 식초 1/2작은술씩, 참기름 1/3작은술

1 애호박은 길이로 반을 갈라 찜통에 찐 다음 0.7cm 두께로 반달썰기를 한다.

2 양념장 재료를 모두 섞어둔다.

3 애호박에 양념장을 넣고 가볍게 무쳐 통깨를 뿌려 담는다.

오이찬국

재료: 애오이 1개, 생수 1½컵, 국간장 1큰술, 고춧가루 · 실파 · 식초 · 설탕 ·
소금 · 통깨 조금씩

1 애오이의 가시를 굵은 소금으로 문질러 씻어 동글동글하게 얇게 썰어 유리그릇에 담
  는다.

2 실파를 송송 썬다.

3 생수에 국간장, 소금, 설탕, 고춧가루, 식초를 넣고 섞어 간을 맞춘다.

4 애오이에 ③의 국물을 붓고 실파, 통깨를 얹어 낸다.

미역찬국

재료: 쇠고기(우둔살) 50g, 오이 1개, 미역 10g, 실파 3뿌리, 참기름 · 통깨 1큰
술씩
냉국 생수 3컵, 국간장 1큰술, 식초 1½큰술, 소금 조금
쇠고기 양념 국간장 1/2큰술, 다진 마늘 1작은술, 후춧가루 · 참기름 조금씩

1 미역은 찬물에 담가 부드럽게 불려 먹기 좋게 썬다.

2 생수에 나머지 냉국 재료를 섞어 냉장고에 차게 둔다.

3 쇠고기는 곱게 다져 분량의 양념으로 조물조물 무친 다음 달군 팬에 바짝 볶아 접시
  에 펼쳐 식힌다.

4 오이는 굵은 소금으로 문질러 씻은 뒤 4~5cm 길이로 토막을 내고 돌려 깎아 곱게
  채 썬다. 실파는 송송 썬다.

5 팬을 달궈 참기름을 두르고 미역을 재빨리 볶은 후 바로 식힌다.

6 그릇에 미역과 쇠고기를 담고 차가운 냉국을 붓는다. 오이와 실파, 통깨를 얹는다.

콩국

재료: 흰콩(대두) 1컵, 흰깨(거피한 참깨) 1/3컵, 물 6컵, 소금 조금

1 흰콩은 넉넉한 물에 하룻밤 불린 뒤 여유 있게 물을 붓고 끓인다. 우르르 끓어 올라오면 콩을 하나 집어 먹어본다. 콩에서 비린내가 안 나면 불에서 내려 찬물에 헹군다. 찬물에 담근 채로 손으로 싹싹 비벼 껍질을 벗기고 물에 헹군다.

2 흰깨는 고소하게 볶아 데친 흰콩, 분량의 물과 함께 믹서에 넣고 되직하게 간 다음 고운체에 걸러놓는다.

3 냉장고에서 시원하게 식혔다가 먹을 때 소금간을 하여 먹는다.

편수

편수는 길쭉하고 네모난 모양의 만두로, 여름에 즐겨 먹는다. 더운 한 여름에는 얼음에 띄워 내기도 한다. 장국을 끓여 편수를 삶고 국물과 함께 주면 아이들이 잘 먹는다.

재료: 애호박 500g, 애오이 400g, 표고버섯 3개, 쇠고기(우둔살) 200g, 소금
1작은술, 잣 1큰술, 참기름 · 식용유 적당량
만두피 밀가루 2컵, 소금 1/2작은술, 물 1/2컵
쇠고기 양념 진간장 1큰술, 다진 파 1큰술, 다진 마늘 1/2큰술, 후춧가루 1/4작
은술, 깨소금 · 참기름 1/2큰술씩
장국 쇠고기 100g, 대파 1대, 국간장(청장) 1큰술, 소금 1작은술, 물 8컵, 후춧
가루 조금

1 밀가루에 소금을 넣고 체에 한두 번 내린 뒤 물을 조금씩 부어가며 반죽한다. 끈기가
  생기도록 젖은 면보자기로 덮어 30분 정도 둔다.

2 애호박과 오이는 돌려 깎아 곱게 채 썰고 소금에 절여 물기를 꼭 짠 다음 달군 팬에
  참기름을 두르고 볶아 식힌다.

3 쇠고기는 곱게 채 썰고 표고버섯도 물에 불려 기둥을 뗀 뒤 채 썬다. 분량의 고기 양
  념을 각각 넣고 주물러 팬에 따로 볶은 뒤 접시에 펼쳐 식힌다.

4 애호박, 오이, 쇠고기, 표고버섯을 섞고 소금으로 간을 맞춰 만두소를 완성한다.

5 끓는 물에 쇠고기를 넣고 국간장과 소금으로 간을 맞춰 끓인 다음 대파를 썰어 넣어
  장국을 만든다.

6 밀가루 반죽을 얇게 밀어 사방 7cm 정사각형으로 잘라 만두피를 만든다.

7 만두피에 ④의 소를 한 숟가락씩 얹고 잣도 2~3개씩 얹은 다음 네 귀퉁이를 한데 모
  아 붙여 네모난 편수를 빚는다.

8 장국에 편수를 넣고 끓이다가 말갛게 변하며 동동 떠오르면 넓적한 접시에 담는다.

어채

우리 음식에서 '숙', '숙채'라는 명칭이 붙은 것은 삶은 음식을 말한다.
어채는 생선을 익힌 숙채로 날 생선을 먹지 못하는 아이들에게 좋은
음식이다. 흰살생선에 녹말을 입혀 데치면 부들부들하여 아이들도 잘
먹는다.

재료: 민어 50g, 녹말 2큰술, 국화잎 3장, 달걀 1개, 소금 · 후춧가루 · 잣 조금씩

1 민어는 포를 떠서 흰살만 0.5cm 두께로 어슷하게 썬다. 소금, 후춧가루로 밑간한다.

2 민어포에 녹두녹말을 고루 묻혀 끓는 물에 데치고 찬물에 바로 헹궈 체에 건진다.

3 국화잎도 물기 있는 행주로 닦아 녹말을 묻혀 끓는 물에 데쳐 찬물에 식힌다.

4 달걀은 노른자와 흰자를 나눠 황백지단을 부쳐 각각 0.3×3cm 길이로 썬다.

5 흰 접시에 미나리 잎을 깔고 어채를 올린 다음 달걀지단과 국화잎을 얹고 잣을 조금
  썰어 얹는다. 초간장과 함께 낸다.

미나리를 곁들였으니 향신채소를 먹여본다. 초고추장을 살짝 찍어 매운 양념 먹는 연습을
시켜도 좋다. 물론 먹을 만한 시기가 되었으면 시도한다. 국화잎이 없으면 생략한다.

수박화채

찹쌀경단을 만들어 수박과 함께 먹는 음식인데, 노인이나 아이들에게는 찹쌀이 목에 걸려 위험할 수 있으니 말랑말랑한 가래떡을 데쳐서 넣는 것으로 대체한다. 오미자국물은 쌉싸래한 맛이 있으니 아이들이 먹을 것은 부드러운 앵두물로 만든다.

재료: 수박 · 떡볶이용 가래떡 · 앵두청(p.58 참고) · 차가운 물 · 녹말 · 잣 적당량씩

1 수박은 동그란 화채스푼으로 떠서 모양을 낸다. 씨는 빼도록 한다.

2 떡볶이떡을 작게 썰어 녹말을 묻히고 끓는 물에 데쳐서 재빨리 찬물에 식혀 건진다.

3 그릇에 수박과 떡을 담고 차가운 물에 섞은 앵두청을 가만히 붓는다. 위에 통잣을 띄워 낸다.

앵두편 · 포도편 · 살구편

재료: 배 1개

앵두편 앵두 1컵, 물 1컵, 설탕 1/2컵, 소금 1/4작은술, 녹말물(녹두녹말 5큰술, 물 1/3컵)

포도편 포도 1컵, 물 1컵, 설탕 1/2컵, 소금 1/4작은술, 녹말물(녹두녹말 5큰술, 물 1/3컵)

살구편 살구 400g, 물 1컵, 설탕 1컵, 소금 1/4작은술, 녹말물(녹두녹말 5큰술, 물 1/3컵)

1 냄비에 앵두와 물을 넣고 빨간 앵두물이 우러나도록 끓인다. 색이 충분히 우러나면 고운체로 거른다. 앵두물이 담긴 그릇 위에 체를 얹어 체에 남은 앵두를 주걱으로 으깨가며 과즙을 내린다.

2 앵두 과즙을 냄비에 붓고 설탕, 소금을 넣어 밑이 눋지 않도록 주걱으로 저으면서 조린다. 거품은 걷어낸다.

3 녹말을 물에 풀어 녹말물을 만들어 ②에 조금씩 흘려 넣으면서 약한 불에서 저어가며 끓인다. 매끈하고 투명하면서 걸쭉한 반죽이 되면 네모난 그릇에 쏟아 굳힌다. 탄력 있게 굳으면 원하는 모양으로 썬다.

4 배를 얇게 썰어 ③의 각종 편과 같은 모양으로 썬다. 배 조각 위에 편을 올린다.

5 포도는 알알이 떼어 씻고, 살구도 씻어서 반을 갈라 씨를 빼낸 뒤 각각 냄비에 넣고 물을 부어 앵두와 같은 방법으로 끓인다. 체에 걸러 과즙을 내린다.

6 각각의 과즙을 냄비에 넣고 소금과 설탕을 넣고 졸이다가 녹말물을 천천히 넣어가면서 눋지 않도록 열심히 저어가며 끓인다.

7 젤리처럼 걸쭉해지고 말갛게 윤기가 나면 그릇에 쏟아 굳힌 뒤 원하는 크기로 썬다. 배를 얇게 썰어 같은 모양으로 만든 다음 배 위에 편을 하나씩 얹어 낸다.

책면

원래는 오미자물에 만드는데 아이들이 잘 먹도록 달달한 식혜물을 이
용한다. 오미자보다 맛이 부드러운 앵두청을 물과 섞어 식혜 국물대신
사용해도 좋다. 식혜물에 밥풀 대신 책면을 띄우니 매끈매끈해 아이들
이 좋아한다.

재료: 식혜(p.274 참고) 국물 2컵 또는 앵두청(p.58 참고) 5~6큰술, 물 2컵
면 녹두녹말 1/4컵, 앵두청 3큰술, 물 1컵, 설탕 1/2컵, 소금 조금

1 녹두녹말과 앵두청, 물, 설탕, 소금을 잘 섞는다.

2 얕은 쟁반에 ①의 녹두물을 붓고 끓는 물에 중탕으로 익힌다. 익어서 굳으면 찬물에
담가 식힌다.

3 ②의 반죽을 조심스럽게 떼어낸 다음 채 썰어 국수처럼 만든다.

4 식혜 국물이나 앵두물(앵두청과 물을 섞는다)에 원하는 만큼 띄워서 먹는다. 그릇에
담고 잣을 띄워 낸다.

성났다 뿔났다 호박국을 끓여라
성났다 뿔났다 호박국을 끓여라
화난 볼처럼 불룩거려도 호박 속은 달다

가을,

영양 좋고 향기롭다

성났다 뿔났다 호박국을 끓여라
성났다 뿔났다 호박국을 끓여라
화난 볼처럼 불룩거려도 호박 속은 달다

뙤약별 내리쬐는 논에서 여름내 지기(땅의 기운)를 받은 벼가 익는다. 알이 단단하게 여물고 따라서 영양도 좋은 쌀알이 영근다. 햅쌀은 차지고 윤기도 나고 맛도 최고다. 그렇기 때문에 햅쌀밥은 잡곡 섞지 않고 동지때까지 될 수 있으면 흰쌀밥으로 먹으며 그 쌀의 맛을 음미했다. 밥맛, 향기가 있는 우리 쌀밥을 이때 먹을 수 있다. 그것만으로도 가을이 얼마나 행복한지! 우리나라 밥은 참으로 최고다.

시월상달 고사 때면 붉은 팥고물을 듬뿍 뿌려 시루떡을 만들어 신께 고사도 지내고 온 동네 떡을 돌려 나눠 먹었던 가을 풍속이 있었다. 그 떡 한 접시로 인정 어린 정이 돋아나고 돈독해지는 계기가 되어 다음 해에 협동하여 서로 농번기에 도와가며 살아온 것이 우리나라다. 날씨가 추워져 입동이 지나면 김장을 집집마다 담가 정월에 먹을 김치, 여름까지 먹을 김치로 나눠 땅에 묻고, 독 위에 단단히 평토를 쳐서 쉬지 않게 보관하였다. 가을에 주부는 일년 양식을 만들어 살림을 해야 했다. 가을이 되는 11월은 너무나 바빴고 김장하고 나면 메주를 쑤어 간장, 된장 담글 때 주 원료도 준비해야 하는 달이었고, 햅쌀이 맛이 좋을 때 백설기를 만들어 말려 두고 암죽 쑬 재료도 준비해야 했다. 아이들이 겨울을 건강히 나도록 보살피는 달이 되기도 했다. 감기 들지 않게 솜 둔 옷을 입혀야 되는 것은 당연했고, 뜨개질도 밤새워 했던 시절이다. 그게 우리네 가을이다.

젊은 주부들에게도 가을 햇볕 헛되이 보내지 말라고 당부하고 싶다. 축축한 날이 가면 햇볕 좋을 때 말릴 것은 말리고 소금이나 설탕에 절여 저장할 것은 저장해야 한다. 감자, 고구마, 토란은 여름내 지기를 받았으니 국도 끓이고 구워도 먹여서 아이들의 힘을 비축해줘야 겨울에 탈 없이 보낸다. 얼갈이배추와 새우젓으로 찌개도 끓이고 국도 끓이면 그 맛은 또 얼마나 구수한가.

잣이 향기와 맛이 좋을 때라 가을엔 부드럽고 영양 좋은 잣설기를 해야 한다. 요즘 아이들에게도 그 맛을 꼭 보여주고 싶다.

무 맑은 장국

재료: 무 200g, 쇠고기(우둔살) 50g, 다시마(사방 10cm) 1조각, 대파 1대, 물 5~6컵, 후춧가루 조금
쇠고기 양념 국간장 1큰술, 다진 마늘 1큰술, 소금·후춧가루 1/4작은술씩, 참기름 1작은술

1 무는 가로 2.5cm, 세로 3cm, 두께 0.3cm 크기로 얇게 나박하게 썬다.

2 쇠고기는 납작하게 한입 크기로 썰어 양념에 주물러 밑간 한다.

3 다시마는 젖은 면보자기로 가볍게 닦아 무와 비슷한 크기로 썬다. 대파는 어슷하게 썬다.

4 냄비에 양념한 쇠고기에 물을 조금 넣고 볶다가 무를 넣어 볶는다. 고기가 하얗게 익으면 물을 1~2컵 넣고 센불에서 자글자글 끓인다.

5 국물이 끓어오르면 다시마를 넣고 나머지 물을 부어 끓인다. 무가 말갛게 익으면 거품을 걷어내고 다시마를 건져낸다. 어슷 썬 대파를 넣고 한소끔 더 끓인 뒤 후춧가루를 살짝 뿌려 낸다.

국을 끓일 때 물은 세 번에 나눠 넣는다. 처음은 고기 볶을 때 조금 넣고, 재료를 넣은 뒤 재료가 잠길 정도로 넣어 어우러지게 하고, 마지막에 남은 물을 마져 넣고 끓인다. 맛있는 국물을 만드는 요령이다.

배추속대국

배추속대국에는 배추를 손으로 뜯어서 넣는 것이 중요하다. 칼로 썰면
배추 살이 몰강몰강해져서 맛이 없다. 된장 또는 고추장으로 국을 끓
일 때도 쌀뜨물을 이용하면 좋으니 쌀 씻을 때 꼭 챙겨두는 습관을 갖
도록 한다. 첫물 말고 마지막 씻은 물로 한다.

재료: 배추속대 300g, 무 100g, 쇠고기(양지) 100g, 대파 1대, 쌀뜨물 8컵, 된장 2큰술, 다진 마늘 1½큰술

1 쇠고기는 납작하게 썰어 칼로 자근자근 두들겨 연하게 한다.

2 무는 연필 깎듯이 칼을 눕혀 돌려가며 어슷어슷 썬다. 파도 어슷하게 썬다.

3 냄비에 쌀뜨물을 담고 체에 된장을 담아 푼다.

4 배춧잎을 손으로 뜯어 ③에 넣고 끓인다. 무와 쇠고기도 함께 넣고 끓인다.

5 무와 배추가 말갛게 익으면 어슷하게 썬 대파와 다진 마늘을 넣고 한소끔 끓여 낸다.

어른들이 먹을 때는 고춧가루를 넣거나 반불겅이고추(반쯤 익어 불그레한 토종고추)를 송송 썰어 넣고 끓이면 칼칼하고 맛있다.

왁저지

배추와 무가 맛있는 김장철이면 어머니가 꼭 해주셨다. 국물이 자작한 것이 찜도 아니고 찌개도 아닌 그런 요리다. 어른 상에 올리는 고급요리이면서 맛이 온화해 아이들도 잘 먹는다. 옛 어른들은 곱창을 넣기도 하고 마른 고추도 넉넉히 넣어 칼칼하게 하셨다.

재료: 배추속대 200g, 무 300g, 당근 50g, 쇠고기(우둔살) 100g, 표고버섯 5개, 은행 10알, 마른 고추 2개, 잣 1/2큰술, 달걀지단(노른자 · 흰자 각각) · 석이버섯지단 조금씩
기본 양념 진간장 3큰술, 다진 파 · 다진 마늘 1큰술씩, 다진 생강 · 후춧가루 1/2작은술씩, 참기름 · 깨소금 1큰술씩
국물 물 5컵, 국간장 1½큰술, 소금 조금

1 끓는 물에 소금을 조금 넣고 배춧잎을 살짝 데쳐낸다. 한 번 데쳐내야 배추 특유의 황 냄새가 빠진다.

2 데친 배추를 길이 4~5cm, 너비 1cm로 먹기 좋게 손으로 찢는다. 당근은 은행잎 모양으로 얇게 썬다.

3 무는 0.7cm 두께로 썰어 은행잎 모양으로 4등분 하고, 쇠고기는 한입 크기로 넙적하게 썰어 칼로 잘근잘근 두들긴다.

4 표고버섯은 미지근한 물에 불려 1cm 너비로 썰고 마늘과 생강은 다진다. 대파는 어슷하게 썰고 은행은 볶아서 껍질을 벗겨놓는다.

5 마른 고추는 맵지 않은 것으로 준비해 가위로 듬성듬성 썰어놓는다. 아이가 매운맛을 전혀 먹지 못하면 넣지 말고 어른들을 위해서는 좀 더 넣어도 좋다. 기본 양념 재료는 한데 섞어 양념장을 만들어둔다.

6 넓은 냄비에 물을 조금 두르고 고기와 양념의 반을 넣고 볶는다.

7 ⑥에 무를 넣는다. 고기와 무에 간이 배도록 자박하게 끓이다가 배추를 넣고 나머지 기본 양념을 넣는다.

8 물 1컵에 국간장을 섞어 ⑦에 붓고 간을 맞춘다.

9 표고버섯, 당근, 파, 마늘, 생강, 마른 고추, 은행, 잣을 모두 넣고 뚜껑을 덮어 중불에
서 뭉근하게 끓인다.

10 재료가 익고 어우러지면 달걀지단, 석이버섯지단을 얹고 간을 본다. 달걀지단과 석
이버섯지단은 생략해도 좋다.

아이를 주고 남은 것은 어른들 입맛에 맞게 매콤한 마른 고추를 한두 개 더 넣고 끓여서
칼칼한 맛을 살린다. 고춧가루를 살짝 뿌려서 먹어도 좋다.

새우젓순두부찌개

재료: 순두부 1컵, 얼갈이배추(데친 것) 1/2컵, 다진 쇠고기 30g, 조갯살 30g, 새우젓 1큰술, 다진 파·다진 마늘 조금씩, 쌀뜨물 1/2컵, 달걀 1개

1 얼갈이배추는 데쳐서 찬물에 헹궈 송송 썰고, 새우젓과 조갯살은 다진다. 얼갈이에 새우젓, 다진 쇠고기, 조갯살, 다진 마늘을 넣어 조물조물 무친다.

2 뚝배기에 얼갈이 무친 것을 넣고 쌀뜨물을 조금 부어 끓인다.

3 자글자글 끓으면 순두부를 수저로 떠서 얹고 쌀뜨물을 뚝배기 가장자리로 가만히 흘려 부어 한소끔 끓인다.

4 달걀을 풀어 알줄을 쳐서 낸다. 파를 송송 썰어 얹어도 좋다.

청둥호박찌개

늦가을 밭에 나가면 서리가 내려 미처 영글지 못하고 겉이 초록으로 남아 있는 늙은 호박이 있다. 이것을 우리 집에서는 '청둥호박'이라 불렀다. 겉은 초록색이지만 껍질도 영글었고 속도 단맛이 들어 그것대로 맛이 좋다. 찌개도 끓이고 나물도 해서 먹는다.

재료: 청둥호박(늙은 호박) 100g, 다진 쇠고기 50g, 쌀뜨물 1½컵, 느타리버섯 20g, 얼갈이배추(데친 것) 30g
양념 새우젓 1큰술, 다진 파 1큰술, 다진 마늘 1/2큰술, 참기름 1작은술

1 청둥호박은 껍질을 벗기고 속을 긁어낸 뒤 납작납작 먹기 좋게 썬다. 느타리는 손으로 찢는다. 얼갈이는 데쳐서 꼭 짠다.

2 다진 쇠고기에 양념의 반을 넣어 조물조물 무친다. 나머지 양념으로는 느타리, 얼갈이를 무친다.

3 냄비에 물을 조금씩 쳐가며 쇠고기를 볶는다.

4 자작자작 볶아지면 청둥호박과 느타리, 얼갈이를 넣고 쌀뜨물을 부어 한소끔 끓인다. 싱거우면 젓국이나 소금을 좀 더 넣는다.

청둥호박나물

국물에 찬밥을 비벼 먹으면 달큰하고 향긋해 내가 좋아하는 음식이다.
국물을 조금 넉넉히 하여 국처럼 끓이기도 한다.

재료: 청둥호박(늙은 호박) 600g, 물 1~3컵, 다진 마늘 · 깨소금 1큰술씩, 소
금 · 설탕 1/2큰술씩

1 청둥호박은 껍질을 벗기고 속을 긁어낸 뒤 도톰하게 썬다.

2 냄비에 호박을 넣고 물을 넉넉히 부어 끓인다.

3 호박이 말캉하게 익으면 다진 마늘과 설탕을 넣고 뒤적인다.

4 그릇에 담고 깨소금을 뿌린다.

어른들은 붉은 고추를 하나 다져서 호박에 얹어 먹으면 개운하다.

아욱국

재료: 아욱 1단, 보리새우 30g, 된장 2큰술, 고추장 1큰술, 다진 파·다진 마늘 조금씩, 쌀뜨물 5컵

1 아욱은 줄기를 꺾어 껍질을 벗겨내고 부드러운 잎을 골라 푸른 물이 나도록 바락바락 주물러 씻어 미끈한 진액과 풋내를 없애고 물에 헹궈서 건져 꼭 짠다.

2 보리새우는 잡티를 골라내고 달군 팬에 살짝 볶아 면보자기에 싼 뒤 대강 빻아 놓는다.

3 쌀뜨물은 쌀을 두어 번 씻어내고 다시 박박 문질러 물을 부은 뒤 속뜨물을 받아 냄비에 붓는다. 고추장과 된장을 체에 풀어 넣는다.

4 ③의 냄비에 아욱을 넣고 불에 올려 처음부터 끓인다. 구수한 된장 맛이 우러나면서 국물이 끓기 시작하면 보리새우를 넣고 다시 한 번 푹 끓인다.

5 맛이 우러나면 다진 파와 마늘을 넣고 한소끔 더 끓인다.

버섯감자볶음

옛날에는 국수버섯을 따서 볶아 먹으면 참 향기롭고 좋았다. 국수버섯은 야산 꽃나무나 소나무 밑에 못자리를 만들어둔 것처럼 소복소복 난다. 마치 국수묶음처럼 생겼다. 지금은 거의 사라져 시중에서 찾을 수가 없으니 아쉽기만 할 따름이다. 감자를 넣고 국수버섯을 볶아 증조할아버지 상에 올렸던 기억이 난다.

재료: 애느타리버섯 50g, 쇠고기(우둔살) 30g, 감자 100g, 양파 30g, 참기름 1/2작은술
양념장 진간장 1작은술, 설탕 1작은술, 깨소금 1/2작은술, 다진 마늘 1작은술

1 애느타리버섯은 밑동을 잘라내고 길이로 곱게 뜯는다.

2 쇠고기는 곱게 다진다. 감자는 껍질을 벗기고 얇게 채 썬다. 감자는 물에 흔들어 씻어 건져 전분기를 뺀다. 양파는 채 썬다.

3 양념장을 만들어 절반을 고기에 넣고 조물조물 섞는다.

4 남은 양념에 버섯, 감자, 양파를 넣고 섞는다.

5 팬에 고기를 넣고 볶다가 ④를 넣고 볶는다.

6 참기름을 넣어 마무리한다.

서리태콩자반

재료: 불린 서리태 1컵, 서리태 불린 물 3큰술, 진간장 2큰술, 설탕 1½큰술, 다진 마늘 1/2큰술, 참기름 1/2큰술

1 서리태는 물에 충분히 불려 건진다.

2 냄비에 서리태, 서리태 불린 물, 간장, 설탕을 넣고 폭 조린다.

3 다진 마늘을 넣고 껍질이 쪼글쪼글하게 조려지면 참기름을 두른다.

콩자반에 윤기를 내려면 마지막에 꿀을 조금 넣어도 좋다.

청대콩자반

서리태가 마르지 않은 햇콩의 상태가 '청대콩'이다. 추석 즈음 나오는 청대콩은 콩깍지를 까서 바로 꺼낸 것이고, 서리태는 서리를 맞은 것을 도리깨로 두들겨 떨어뜨려 간 것이다. 서리태는 완전히 마른 것이므로 한참 불려서 쓴다. 청대콩자반에는 고기가 들어가야 한다.

재료: 청대콩(깐 것) 1컵, 쇠고기(우둔살) 50g, 통깨 1/2큰술
양념 진간장 2큰술, 설탕 1½큰술, 물 2큰술, 다진 마늘 · 다진 파 1/2큰술씩, 참기름 1/2큰술

1 콩은 껍질(콩깍지)을 까서 바가지(이남박)에 넣고 살살 비벼가며 씻어 속껍질을 떼어 낸 뒤 껍질이 남아 있지 않도록 헹궈 건진다.

2 쇠고기는 곱게 다진다.

3 냄비에 손질한 콩과 다진 쇠고기를 담고 양념장을 만들어 넣어 고루 버무린 뒤 콩이 무릇하게 익도록 폭 조린다.

4 콩에 윤기가 나고 껍질이 쪼글쪼글하게 조려지면 참기름, 통깨를 넣고 섞어 그릇에 담는다.

청대콩자반에는 고기를 함께 넣도록 한다. 어른들이 먹을 때는 붉은 고추와 청고추를 하나씩 다져 넣는다.

숙주나물

콩나물은 질겨서 목에 걸리기 쉬운데 숙주는 섬유질이 짧고 연해서 아이들에게 먹이기 좋다. 예로부터 숙주는 하얗고 맑아서 밝게 자라라는 뜻으로 아이들에게 많이 먹였다. 그래서 아이가 태어난 지 삼칠일 되는 날이나 백일, 돌에도 상에 오르는 나물이다.

재료: 숙주 50g, 참기름 1큰술, 소금 1/2작은술

1 숙주를 깨끗이 씻어서 건진다.

2 끓는 물에 숙주를 넣고 3초만 데쳐 건진다. 데친 숙주는 찬물에 씻지 않고 그대로 접시에 펼쳐 식힌다.

3 숙주에 참기름과 소금을 넣어 무친다.

박나물

재료: 박 250g, 쇠고기(우둔살) 70g, 물 1 1/2컵, 소금 조금
양념장 진간장 1½작은술, 설탕 1/2작은술, 다진 마늘 · 다진 파 1작은술씩, 후
춧가루 조금, 깨소금 · 참기름 1/2작은술씩

1 박은 여물지 않아 흰색에 가까운 연한 연두색을 띠는 풋박으로 준비한다. 껍질을 벗
　기고 속을 말끔히 긁어낸 뒤 0.4～0.6cm 두께로 썬다.

2 양념장 재료를 한데 섞어둔다.

3 쇠고기는 다져서 양념장의 절반을 넣고 버무린다.

4 박에 나머지 양념을 넣고 버무린다.

5 냄비에 물을 조금 두르고 쇠고기를 넣어 볶는다. 고기가 익으면 박을 넣고 나머지 물
　을 붓는다.

6 뚜껑을 덮어 박에 윤기가 나도록 푹 끓인다.

밥에 넣고 비벼 먹어도 맛있고 향기가 있어 좋다. 호박과는 또 다른 향이 난다.

무나물

재료: 무 250g, 다진 쇠고기 20g, 소금 · 참기름 조금씩, 물 1/2∼1컵
양념 국간장 1큰술, 다진 마늘 1큰술, 후춧가루 · 생강즙 조금씩, 참기름 1/2큰술

1 무는 가늘게 채 썬다.

2 다진 쇠고기에 양념으로 버무려 냄비에 물을 조금 넣고 달달 볶는다.

3 ②에 채 썬 무를 섞고 나머지 물을 부어 볶는다. 소금으로 간을 맞추고 무가 익도록 중불에서 익힌다.

4 무가 투명하게 익으면 참기름을 조금 두르고 그릇에 담는다.

닭찜

재료: 닭 1마리(900g), 무 200g, 물 1컵, 달걀지단(노른자 · 흰자 각각) 조금
양념장 진간장 5큰술, 설탕 2큰술, 다진 파 2큰술, 다진 마늘 1큰술, 생강 1쪽,
후춧가루 1/2작은술, 참기름 1큰술

1 닭은 관절 부분을 잘라 좋은 크기로 나눠 씻은 뒤 물에 담가 핏물을 뺀다. 살이 두꺼운 부분에 칼집을 낸다.

2 무는 1cm 두께로 넙적하게 썰고 반을 자른다.

3 양념장 재료를 한데 섞어 절반은 닭에 넣고 버무린다.

4 냄비에 반달로 썬 무를 깔고 양념한 닭을 넣은 다음 가장자리로 물을 부어 1시간 정도 푹 끓인다.

5 국물이 졸아들면 남은 양념장을 넣고 뜸을 푹 들인다. 그릇에 담고 지단을 얹어 낸다.

닭은 살을 자르면 육질이 까슬까슬해져서 아이가 먹기에 좋지 않으니 먹기 좋은 크기로 관절 부분을 잘라 큰 토막을 내도록 한다. 자를 때 닭뼈가 부스러져 조각이 생기지 않도록 조심한다.

배숙

재료: 배 1개, 통후추 조금, 잣 적당량
국물 생강 2쪽, 설탕 5큰술, 꿀 1큰술, 물 3컵

1 단단하고 작은 배를 준비해 깨끗이 씻은 뒤 8등분 하여 껍질을 벗기고 씨 부분을 도려낸다. 껍질이 있던 쪽 배 살에 통후추를 2~3개씩 박는다.

2 생강은 껍질을 벗겨 얇게 썬다. 냄비에 물을 붓고 생강을 넣어 뭉근히 끓인다. 생강의 맛이 충분히 우러나면 체로 생강을 걷어낸다.

3 ②의 국물에 설탕을 녹인 뒤 배를 넣고 다시 중불로 뭉근하게 끓인다. 배가 투명해지면 불을 끄고 꿀을 넣어 차게 식힌다.

4 그릇에 담고 잣을 띄워 낸다.

물호박떡

재료: 멥쌀가루 10컵, 설탕 1/4컵, 물 1컵

호박편 늙은 호박 150g, 설탕 3큰술, 소금 1/2큰술

녹두고물 녹두 4컵, 소금 1/2큰술, 설탕 2큰술

1 늙은 호박은 속을 파내고 껍질을 벗겨 2×4cm 크기로 썰어 하루 정도 말린다. 설탕과 소금으로 버무려 간을 한다.

2 녹두는 물에 4~5시간 불려 껍질을 벗기고 찜통에 찐 뒤 소금, 설탕을 넣고 빻아 보슬보슬한 고물을 만든다.

3 물에 설탕을 풀어 쌀가루에 조금씩 부어가며 손바닥으로 비벼 섞은 다음 어레미(굵은 체)에 한번 내린다.

4 시루에 시루 밑을 깔고 ②의 녹두고물을 넉넉히 깐 다음 ③의 떡가루를 2cm 두께로 올리고 ①의 늙은 호박을 군데군데 올린 다음 다시 떡가루로 덮는다. 윗면에 녹두고물을 고르게 뿌린 뒤 면보자기를 덮고 센 불에서 20~30분 정도 찐다.

잣설기

햇잣이 나왔을 때 만들면 그 향기와 맛이 으뜸이다. 부드럽고 영양이 높아 아이들이나 노인들에게 권하고 싶다.

재료: 멥쌀가루 1½컵, 물 1/4컵, 설탕 1/2큰술, 잣 1/4컵, 삶은 밤고물 1컵

1 설탕을 녹인 물을 쌀가루에 부어가며 손으로 비벼 섞는다. 체에 2번 내린다.

2 밤을 쪄서 껍질을 벗겨 믹서에 넣고 으깬 다음 소금을 조금 넣고 고물을 만든다.

3 잣은 키친타월 위에 올려 칼로 다진 다음 ①의 쌀가루에 섞는다.

4 작은 시루에 체에 내린 떡가루를 가볍게 앉히고 밤 고물을 소복하게 얹어 김이 오른 찜통에 넣고 15~20분 정도 찐다.

배추꼬랭이 콩고물무침

한겨울 움에 저장해두었던 배추꼬랭이는 최고의 간식이었다. 수들수들 마른 배추꼬랭이를 꺼내 깨끗이 닦고 반으로 갈라 찜통에 넣고 찐다. 게걸무나 마 같은 뿌리도 함께 넣고 찐다. 우리 어머니는 여기에 콩가루를 뿌려주셨다. 나는 뿌리를 쪄서 꿀을 살짝만 뿌린 다음 콩고물에 무친다. 무와 다르게 향긋한 배추향이 나는 배추꼬랭이 맛을 요즘 사람들은 어찌 알까.

겨울,

따뜻한 까치설빔

노란 움파, 배추꼬랭이, 계걸무, 참 달큰했지
양지 바른 움 가장자리에 앉아
아이들은 그 행복을 먹었지

겨울하면 제일 먼저 눈이 떠오른다. 첫눈은 옷에서 털어내지도 않고 손바닥으로 받아서 입에 넣기도 하며 첫눈맞이를 했다. 입을 벌리고 하늘을 쳐다보면서 입속으로 들어가기를 원하기도 했다. 아이들은 밖으로 나가 눈 맞기를 좋아하는 법이지만 어린 나는 함부로 눈을 맞을 수가 없었다. 동지빔으로 자주저고리에 연두안을 넣어 동지빔을 해 입히셨으니 눈을 맞으면 저고리가 젖을까봐 눈을 피하게 되었다. 하얀 진솔버선도 걱정이 되었고 검정치마에 얼룩질까봐 눈을 묻히지 않으려고 가만가만 다녀야 했다.

어려도 어른처럼 지내야 했던 나는 그런 낭만도 모르고 행기치마(앞치마)를 입고 어머니 옆에서 팥죽에 넣을 찹쌀 옹심이를 빚곤 했다. 밤단자 만들 때는 고물로 만들기 위해 삶은 밤을 까서 어레미에 밤고물을 내려야 했다. 그때도 어머니 곁에서 음식 장만을 거들어야 하니 눈놀이는 꿈도 못 꾸고 겨울을 보냈다.

설날도 마찬가지였다. 마당에 큰 안반을 놓고 김이 모락모락 나는 백설기를 떡시루에서 쏟아 놓는다. 떡메로 쩔꺽쩔꺽 치면 쫄깃하게 늘어나고, 이불 개키듯 접어 올려서는 다시 쿵덕쿵 쿵덕쿵 매를 맞는다. 그렇게 하기를 연거푸, 찰기가 생긴 떡은 한 뭉치가 된다. 한 줌 크게 잡아떼어 손에 물을 묻혀가며 썩썩 밀면 떡가래로 길게 늘어나고 찬물 속으로 들어가면 굳는다.

차마 떡 하나 달라고 말도 못했다. 연두 길에 분홍 소매를 단 까치설빔에 물 묻고 흙 묻을까봐 그 떡 한 저름을 못 먹은 아쉬움은 지금도 남는다. 지금이라면 따끈한 떡을 양념장이나 조청에 찍어 맛있게 먹고 입맛을 다셔보았을 텐데. 어머니가 밤새워 만드신 까치설빔, 색동설빔이 소중하니 참는 마음이 저절로 길러졌다.

까치설빔

밤이 길어지는 겨울에는 동치미 국물에 냉면 말아 밤참으로 할아버지께 올렸다. 배 껍질 벗기는 당번도 나였다. 기껏 우리 차례는 퉁퉁장(청국장) 김치찌개였다. 진짜 청국장은 건어물을 듬뿍 넣고 끓인 것이지만 그건 증조할아버지 잡수시는 보양탕이었기에 아이들은 먹을 엄두도 못 냈다.

광에 저장해둔 밤을 꺼내서 화롯불에 구워 먹으면 그나마 행복하게 동짓달 긴긴밤을 보낼 수 있었다. 움에서 꺼낸 배추꼬랭이, 게걸무, 산에서 캐온 마 등을 깨끗이 다듬어 찜통에 쪄서 콩가루를 묻히면 우리들의 겨울 별식이 되었다. 콩가루 고소한 맛, 달착지근한 배추꼬리 맛으로 우리는 흐뭇하게 겨울밤을 즐겼다.

지금은 세월이 바뀌어 배추꼬리라는 이름도 없어지고 구경도 힘들어졌다. 배추속대국에서 배추꼬리 건져 먹던 맛이 있었는데, 그 맛도 잊은 지 오래다. 요새 배추는 통이 왜 그리 큰지, 배추 특유의 맛은 왜 밍밍해졌는지……. 내가 좋아하는 씨도리 김치 맛도 보기 어려우니 계절의 맛은 어디서 느껴보나 싶다.

올해 뜻밖에 지인의 소개로 경상도 의성에서 배추꼬랭이를 구해 올 수 있었다. 예전 같으면 광에 굴러다니던 고것을 귀한 보물 모시 듯 맞이했다. 실한 배추꼬랭이를 쪄서 꿀을 실같이 어리고 콩가루를 묻히니 옛 맛에 눈물이 나도록 반가웠다. 그때 그 겨울의 맛을 요즘 아이들은 무엇으로 기억할까. 화롯불에 구워먹던 아람을 맛보여주고 싶다.

해산미역국

예로부터 아이를 출산하고 나면 미역국을 먹는 풍습이 있다. 영양 면으로도 산모에게 꼭 필요한 음식이다. 아이를 낳느라 지친 몸도 회복해야 하고 수유도 해야 하는 산모가 먹을 음식이니 정성스럽게, 영양가 높게 만들어야 한다. 해산미역국의 맛과 영양을 생각해보면 아이에게도 좋은 음식이라는 생각이 든다. 해산 후 먹었던 기억을 더듬어 아이가 먹을 미역국도 같은 방법으로 만들었다. 해산미역국은 보통 삼칠일 동안 매일 먹도록 하기 때문에 물리지 않도록 다양한 재료를 더해 요리하면 좋다.

나의 시어머님은 삼칠일 동안 양지육수에 미역을 넣어 끓인 뒤 먹을 때마다 달걀을 하나씩 넣어 반숙이 되도록 익힌 다음 참기름 두어 방울을 떨어뜨려주셨다. 지금도 그 미역국을 잊을 수가 없다. 그 방법대로 지금도 우리 집 해산미역국에는 달걀 반숙이 빠지지 않는다. 미역국은 지방마다 그 지역의 특색이 드러난다. 서울은 양지나 치마살 육수에 참기름을 더해 끓이고, 해안가에서는 홍합 등의 어패류를 넣어 해물미역국을 끓인다. 강원도 같은 산악지방은 닭고기나 감자를 넣었다. 어떤 방식이든 산모를 위한 미역국은 단백질이 풍부하도록 재료를 선택해 영양가를 높이는 것이 중요하다. 쇠고기미역국 외에 흰살생선, 홍합, 전복, 닭육수, 꿩육수 등으로 끓인 미역국도 별미이다.

재료(4인분): 마른 미역(장곽) 20cm, 쇠고기(양지) 100g, 물 6~7컵, 달걀 4개, 참기름 1½큰술
양념 국간장 2큰술, 다진 마늘 2큰술, 소금 적당량

1 미역은 15분 정도 불린 뒤 주물러 씻고 먹기 좋은 크기로 뜯는다.

2 끓는 물에 쇠고기를 넣고 40분 정도 푹 끓인 뒤 고기는 건져서 결대로 찢거나 얇게 저미고, 국물은 면보자기에 밭는다.

3 냄비를 뜨겁게 달궈 참기름을 두르고 미역을 넣어 파란색이 나도록 달달 볶은 뒤 육수의 절반을 붓고 자작하게 끓이다가 나머지 육수를 부어 끓인다.

4 국물에 ②의 고기를 넣고 맛이 우러나도록 다시 한소끔 끓인 뒤 분량의 양념을 넣어 맛을 낸다.

5 달걀을 하나 깨뜨려 넣어 반숙으로 익혀 뜨겁게 담아 낸다.

우리 집은 미역을 기름에 볶지 않는다. 특히 출산 후에는 기름에 튀긴 모습을 닮아 아기 얼굴에 물집이 생길까봐 육수에 미역을 넣고 맑게 끓여주셨다.

콩나물국

재료: 콩나물 200g, 쇠고기(우둔살) 50g, 대파 1대

국물 물 3컵, 소금 1/2작은술, 국간장 1/2작은술

쇠고기 양념 국간장 1/2작은술, 다진 마늘 1큰술, 후춧가루 1/4작은술, 참기름 1/2큰술

1 콩나물은 너무 길지 않은 것으로 싱싱한 것을 골라 콩껍질이 벗겨져 나가도록 흔들어 씻은 뒤 소쿠리에 건져 물기를 뺀다.

2 쇠고기는 곱게 채 썰고 분량의 양념으로 주물러 밑간한다.

3 대파는 어슷하게 썬다.

4 냄비에 쇠고기를 넣고 살짝 볶다가 콩나물을 넣는다. 분량의 재료로 국물을 만들어 반만 붓고 뚜껑을 덮어 푹 끓인다.

5 구수하게 콩나물 익는 냄새가 나면 나머지 국물을 넣고 다시 한 번 끓인 뒤 대파를 넣고 한소끔 끓인다.

국물이 있는 모든 요리는 준비한 국물을 한 번에 다 넣지 말고 두세 번에 나눠서 넣도록 한다. 이렇게 해야 국물과 재료의 맛이 잘 어우러져 제맛이 난다. 재료가 냄비 바닥에 눌러 붙지 않도록 물을 부을 때는 뜨거운 물을 붓는다.

황태콩나물국

재료: 황태포 1마리, 콩나물 100g, 달걀 1개, 대파 1대, 다진 마늘 1큰술, 물 4
컵, 소금 · 국간장 1/2큰술씩

1 황태포는 물을 조금 축여 촉촉하게 한 뒤 뼈와 가시를 발라내고 먹기 좋게 쭉쭉 찢는다.

2 콩나물은 통통한 것으로 준비해 물에 헹궈 건진다. 대파는 4cm 길이로 어슷하게 썬다.

3 냄비에 콩나물을 넣고 소금을 살짝 뿌린 뒤 물을 붓고 뚜껑을 덮어 펄펄 끓인다. 황
태포에 밀가루를 조금 묻힌 다음 곱게 푼 달걀물에 적신다. 구수하게 콩나물 익은 냄
새가 나면 달걀 입힌 황태포를 넣고 다시 한 번 끓인다.

4 국물이 충분히 끓어 시원한 맛이 우러나면 다진 마늘과 파를 넣어 맛을 내고 국간장
으로 간을 한다.

달걀을 하나 깨뜨려 풀어 넣으면 황태가 부드러워져 먹기 좋다.

서리태밥

재료: 불린 서리태 1/2컵, 씻은 쌀 1컵, 찹쌀 1큰술, 물 1컵, 소금 1/3작은술

1 서리태는 불려두고 쌀은 씻어 건진다.

2 솥에 쌀과 서리태를 넣고 소금 푼 물로 밥을 안친다.

3 15분 동안 끓인 뒤 5~10분 정도 뜸을 들인다.

일반적으로는 멥쌀에 서리태만 넣어서 밥을 짓지만 구수하고 맛있는 별미밥을 만들려면 찹쌀을 조금 섞고 소금으로 간을 해서 짓는다.

움파국

한겨울에만 나오는 속이 꽉 찬 움파의 맛은 달큰하고 부드럽다. 겨울에만 누릴 수 있는 색다른 재료의 풍미를 아이와 함께 느껴 보기를 바라며. 두부를 하나 썰어 넣어도 부드러운 식감이 잘 어울린다.

재료: 움파 100g, 쇠고기(우둔살) 70g, 밀가루 조금, 달걀 2개, 물 5컵, 소금 · 국간장 조금씩
쇠고기 양념 국간장 1/2큰술, 다진 마늘 1큰술, 소금 1/2작은술, 후춧가루 1/4 작은술, 참기름 1/2작은술

겨울에 나는 움파

1 움파는 시든 잎을 떼고 뿌리를 자른 뒤 물에 씻어 아이가 먹기 좋게 3cm 길이로 썬다.

2 쇠고기는 곱게 다져 분량의 양념으로 버무려 밑간한다. 냄비에 물을 넣고 끓으면 쇠고기를 넣어 끓인다.

3 움파에 밀가루를 묻히고 멍울 없이 풀어놓은 달걀물에 적셔 끓고 있는 ②의 장국에 넣고 끓인다.

4 국물이 끓어 파가 익으면 움파를 적시고 남은 달걀로 알줄을 친다.

5 거품을 걷어내고 소금과 국간장으로 간을 맞춰 낸다.

두부를 0.7cm 두께에 움파와 같은 길이로 썰어 함께 넣고 끓인 움파두부국도 맛있다. 두부는 뜨겁기 때문에 아이에게 먹일 때는 안쪽까지 잘 식혀줘야 한다.

어린 아이에게 음식을 먹일 때는 항상 엄마 숟가락을 따로 준비해 엄마가 먼저 먹어보고 간은 어떤지 온도는 알맞은지 확인한 뒤 아이에게 먹이도록 한다.

대파의 초록잎을 잘라내고 물에 담그거나 흙에 꽂아 검은 비닐봉지를 덮어두면 노란 움파가 된다. 유리병에 꽂아 냉장고 문짝에 넣어두어도 움파를 만들 수 있다.

원밥수기와 밥당숙

예전에는 먹을 것이 넉넉하지 못하여 식구들 밥걱정이 주부들의 큰 걱정거리였다. 게다가 우리 집 사랑에는 항상 손님이 끊이지 않아 식구보다도 손님 대접할 일이 더 걱정이었다. 자고 일어나면 부엌으로 광으로 들락날락 하며 종종걸음 치시던 어머니의 모습이 선하다. 그러다 하루는, 무엇이 생각나셨는지 후다닥 부엌으로 가 북어대가리 모아둔 것을 큰 들통에 넣고, 뒷동산의 움을 뒤져 무를 몇 개 꺼내 오시더니 수세미로 쓱쓱 닦아 들통에 넣으셨다. 가래떡 썰어 찬밥 서너 숟가락과 함께 넣고 끓인 떡국을 반병두리에 담아 낸 구수한 원밥수기였다. 그 시절에는 명절에 떡만 가지고는 그 많은 식구가 먹을 양을 충당할 수 없었으니 떡국에 밥을 수북이 넣어 양을 늘리곤 했는데, 이것이 바로 '원밥수기'라는 음식이다. '밥당숙'이라는 음식도 있다. 식구가 많아 밥이 남을 리 없었던 우리 집. 예고 없이 손님이 찾아오는 일이 다반사였는데, 할아버지께서는 손님 시장하지 않게 밥상을 준비하라고 이르셨다. 할머니께서는 당신이 드실 밥을 덜어 '밥당숙'을 만들어 내셨는데, 팔팔 끓는 물에 밥을 넣고 슬쩍 끓여낸 음식이다. 여기에 무말랭이 장아찌를 곁들여 냈다.

떡국과 원밥수기

재료: 가래떡(썬 것) 2컵, 밥 1/2공기, 쇠고기(우둔살) 80g, 달걀 1개, 움파 또는 대파 1대, 후춧가루 조금
육수 쇠고기(양지) 200g, 물 8컵, 국간장 1½큰술, 소금 1작은술
쇠고기 양념 소금 1/2작은술, 다진 마늘 1/2큰술, 다진 파 1큰술, 후춧가루 1/4 작은술, 참기름 1작은술

1 굳지 않은 가래떡은 찬물에 씻어서 사용하고, 굳은 것은 끓는 물에 데쳐 찬물에 헹군 다음 조리로 건져서 사용한다.

2 양지머리는 찬물에 담가 핏물을 뺀 뒤 끓는 물에 푹 삶는다. 고기는 납작하게 편육으로 썰고, 국물은 체에 걸러 육수를 만든다.

3 우둔살은 곱게 다져 분량의 양념을 넣고 주무른 뒤 달군 팬에 올려 물기 없이 달달 볶아낸다.

4 달걀은 멍울 없이 풀고 움파는 어슷하게 썬다.

5 ②의 육수에 국간장과 소금으로 간을 한 다음 부드럽게 불린 떡을 넣고 끓인다. 국물이 푸르르 끓어오르면서 떡이 동동 뜨면 찬밥과 움파를 넣고 달걀로 알줄을 친다.

6 떡국이 끓어 맛이 고루 어우러지면 움푹한 그릇에 떡국을 담고 ②의 편육과 ③의 볶은 쇠고기를 고명으로 얹은 다음 후춧가루를 살짝 뿌려 낸다.

밥당숙

재료: 밥 1공기, 끓는 물 2컵, 새우젓 · 참기름 · 깨소금 · 고춧가루 조금씩

1 냄비에 물이 팔팔 끓을 때 찬밥을 덩어리째 넣는다.

2 밥이 풀어지기 전에 대접(뜨거운 물로 한 번 헹궈 사용한다.)에 덩어리째 담아 낸다.

3 새우젓에 참기름, 깨소금, 고춧가루를 조금씩 넣어 양념을 만들어 곁들인다. 장아찌
  가 있으면 함께 낸다.

두부찜

두부는 부드러운 맛으로 먹어야 제맛이다. 초가을에 담근 구기자청의
건지를 하나씩 얹어서 찌면 미묘한 향이 더해지며 몸에 좋은 구기자를
함께 먹을 수 있어 좋다. 구기자는 깨끗이 씻어 물기를 거둔 다음 같은
양의 설탕과 섞어 담가두었다가 쓴다.

재료: 두부 1/2모, 마(간 것) 1/3컵, 설탕에 재운 구기자 1큰술, 녹말 적당량, 소
금 · 참기름 조금씩
초간장 진간장 · 매실청 1큰술씩, 식초 1작은술, 잣가루 1작은술

1 두부는 가로 4cm, 세로 5cm 두께 1cm 크기로 썰어 키친타월에 올려 물기를 뺀다.

2 물기 뺀 두부에 녹말을 고루 묻힌다.

3 ②의 두부 위에 마 간 것을 조금씩 올리고 구기자를 한두 개씩 얹는다. 그 위에 고운
  체로 녹말을 솔솔 뿌린다.

4 찜통에 젖은 헝겊을 깔고 김을 올려 준비한 두부를 얹어 찐다.

5 녹말이 말갛게 익으면 꺼내어 접시에 놓고 초간장을 곁들인다.

초간장 만들 때는 간장과 매실청을 먼저 섞고, 잣가루는 따로 식초에 적셔서 넣는다. 이렇
게 해야 잣가루에 간장의 검은색이 배지 않고 뽀얀 가루가 장 위에 예쁘게 뜬다.

알뚝배기

재료: 다진 쇠고기 50g, 달걀 2개, 물 1컵, 실파 1대
쇠고기 양념 새우젓 1큰술, 다진 파 1/2큰술, 다진 마늘 1/3큰술, 참기름·후춧
가루 조금씩

1 곱게 다진 쇠고기에 새우젓은 자근자근 다져 넣고 나머지 양념을 넣어 조물조물 버
무린다.

2 달걀은 거품이 일지 않게 젓가락을 한쪽 방향으로 저어 푼 뒤 물을 넣고 고루 섞은 다
음 고운체에 거른다.

3 두툼한 뚝배기 안쪽에 참기름을 바른다. 달걀과 쇠고기를 섞어 뚝배기에 가만히 붓는다.

4 김이 오른 찜통에 뚝배기를 얹고 약한 불에서 뭉근하게 찐다. 5분 정도 지나 달걀이
엉기려고 하면 실파를 송송 썰어 얹고 뜸을 푹 들인다.

장조림

장조림을 만들 때 여름에는 아롱사태로 하고 겨울에는 치마살로 한다. 아롱사태는 콜라겐이 있어서 오돌오돌한데 어른들이 좋아하는 맛이다. 아이들은 부드럽고 쪽쪽 찢어지는 치마살을 더 좋아한다.

재료: 쇠고기(아롱사태 또는 치마살) 600g, 달걀 2개
조림장 고기 삶은 물 1½컵, 진간장 1/2컵, 생강 3쪽, 마른 고추 3개, 마늘 10쪽, 설탕 1/2컵
향신 채소 대파 1대, 마늘 5쪽, 생강 1쪽, 마른 고추 1개

1 고기는 찬물에 1~2시간 담가 핏물을 뺀 뒤 5cm 길이로 자른다.

2 냄비에 고기가 잠길 정도의 물을 붓고 끓인다. 물이 끓을 때 고기와 향신 채소를 넣고 거품을 걷어가며 삶는다. 꼬치로 찔러 핏물이 나오지 않으면 고기는 건져두고 육수는 체에 거른다.

3 달걀은 10분 동안 삶고 찬물에 식혀 껍질을 벗긴다.

4 생강은 얇게 저미고 마른 고추는 큼직하게 잘라 씨를 털어낸다.

5 냄비에 고기, 마늘, 생강, 마른 고추를 넣고 ②의 육수 1½컵을 부어 진간장을 넣어 끓인다. 처음에는 센불에서 끓이다가 한소끔 끓으면 약한 불에서 1시간 이상 뭉근하게 조린다.

6 국물이 반으로 줄어들고 고기가 익으면 설탕, 삶은 달걀을 넣고 다시 조린다. 국물이 1/3 정도로 줄어들고 고기에 윤기가 나면 불에서 내린다.

장조림간장비빔밥

따뜻한 밥 1공기에 장조림간장 1/3큰술을 넣고 깨소금과 참기름을 넣어 고루 비빈다. 곱게 찢은 장조림 고기나 장조림 달걀을 함께 넣어도 좋다. 비빔밥을 작은 구슬알갱이처럼 동글동글 빚어서 주기도 하는데 한입에 쏙 들어가 먹기 편하고 아이가 좋아한다. 아이들은 동치미 국물이나 나박김치를 곁들이면 더 잘 먹는다.

등푸른생선완자조림

등푸른생선은 겨울철 아이들의 훌륭한 열량 공급원이다. 구워 먹이면 좀 빳빳하고, 식으면 더 빳빳하다. 그래서 우리 집에서는 포 뜬 살을 송송 썰어 믹서에 갈아 완자로 만들어 먹였다. 생선살에 김가루를 넣고 완자를 빚는데, 김가루는 비린내를 제거하는 비법이다. 완자조림은 도시락 반찬으로도 두고두고 인기가 좋았다.

재료: 포 뜬 등푸른생선(삼치, 고등어, 꽁치, 청어 등) 200g, 김 2장, 밀가루 1큰술, 달걀물 1큰술, 식용유 적당량
조림장 간장 · 설탕 1큰술씩, 물 2큰술

1 생선을 포로 떠서 살만 준비하고 송송 썰어 믹서에 넣고 간다.

2 김을 구워 손으로 바스러뜨려 가루를 낸 다음 생선살에 밀가루와 함께 넣고 섞는다.

3 작게 동글동글 완자로 빚어 밀가루를 입힌다.

4 냄비에 기름을 붓고 데워 튀김온도를 만들어 완자를 넣고 튀긴다. 속까지 완전히 익으면 건진다.

5 팬에 간장, 설탕, 물을 섞어 넣고 끓여서 조림장을 만든다. 졸아들어 끈끈한 소스가 되면 완자를 넣고 고루 버무린다.

삼치구이

서너 살 된 아이들은 생선을 구이로 해줘도 잘 먹는다. 갓 구운 생선의 가시를 잘 발라 따뜻할 때 먹이도록 한다. 식으면 아무래도 뻣뻣해져 맛이 없다.

재료: 삼치 1마리, 생강즙 1큰술, 소금 · 후춧가루 조금씩

1 삼치는 싱싱한 것을 골라 등 쪽에 2~3cm 간격으로 어슷하게 칼집을 낸다.

2 소금, 후춧가루, 생강즙을 고루 뿌려 1시간 정도 밑간한다.

3 겉도는 물기를 닦아내고 뜨겁게 달군 석쇠에 올려 타지 않게 굽는다. 등푸른생선은 충분히 구워야 비린내가 없으므로 겉이 어느 정도 익으면 불을 줄여 속까지 완전히 익힌다.

구운 주먹밥

아이들은 밥 먹는 것에 종종 흥미를 잃는다. 그럴 때는 엄마들이 음식에 모양도 내보고 시각적인 자극을 주어 아이가 다시 밥을 먹으려 하도록 유도해야 한다. 아이들은 대부분 손에 쥐고 먹는 것을 좋아하니 주먹밥을 만들어 아이 스스로 먹게 하는 것도 방법이다.

재료: 밥 1공기, 다진 쇠고기 100g, 김 1/2장, 레몬즙 조금
쇠고기 양념 진간장 1/2큰술, 설탕 1작은술, 다진 파 · 다진 마늘 1/2작은술씩, 참기름 1작은술, 후춧가루 조금
소스 설탕 · 간장 1큰술씩, 물 2큰술

1 쌀을 씻어서 5~10분간 담가두었다가 쌀 양의 1.2배가 되도록 물을 부어 무른 밥을 짓는다.

2 고기는 곱게 다져 갖은 양념을 하여 보슬보슬하게 볶는다.

3 레몬즙을 조금 넣은 물을 그릇에 담아 옆에 두고 손에 레몬 물을 묻혀가며 밥을 조금씩 쥐어 동그랗게 완자를 만든다. 송편 만들 때처럼 가운데를 움푹하게 파서 볶아둔 고기를 넣고 오므리고 살짝 눌러 동글납작하게 한다. 지름 3cm 정도 크기면 적당하다.

4 설탕, 간장, 물을 끓여 걸쭉한 소스를 만든다.

5 프라이팬에 기름을 살짝 두르고 ③의 밥을 굽는다. 소스를 조금씩 발라가며 굽는다.

6 김을 길게 잘라 하나씩 말아서 준다.

고기 대신 달걀을 볶아서 넣거나 오이지를 다져 넣어 다양하게 만들어준다.

양파수란

재료: 양파 1개, 달걀 3개, 식용유 조금

1 양파를 1cm 두께로 썰어 가장 바깥쪽으로부터 3겹 정도 링을 남기고 속을 빼낸다.

2 양파 링을 하나씩 떼어 프라이팬에 올려놓고 안쪽에 달걀을 하나씩 깨뜨려 넣는다.

3 프라이팬보다 조금 작은 사이즈의 냄비뚜껑으로 양파 3개가 모두 가려지도록 덮고 가장자리에 물을 조금 빙 둘러가며 부어서 익힌다. 이렇게 하면 달걀 윗면이 수란처럼 반숙이 된다. 가장자리 지저분한 것은 잘라내고 그릇에 담는다.

떡볶이

우리 아버지는 떡볶이에 호박고지가 안 들어가면 떡볶이가 아니라고
하셨다. 일본이나 서양음식이 시각적인 음식이라면 우리 음식은 먹어
봐야 그 맛을 제대로 알 수 있는 음식이다. 버섯도 표고버섯, 백일송
이, 각자가 달라서 씹어보아야 안다. 이처럼 음식의 다양한 맛과 식감
을 느끼게 해주면 아이는 훌륭한 미각을 지니게 된다. 나는 따로 요리
를 배운 적이 없다. 어릴 적부터 접했던 음식들에서 자연스럽게 익힌
것이다. 요즘 엄마들도 음식을 통해 아이에게 추억을 선물했으면 좋
겠다.

재료: 가래떡 300g, 쇠고기(우둔살) 100g, 불린 표고버섯 2장, 백일송이버섯
또는 느타리버섯 20g, 당근 30g, 애호박고지 10g, 시금치(데쳐서 꼭 짠 것)
30g, 양파 50g, 은행 10알, 달걀지단 조금, 잣 1큰술, 참기름 적당량
양념장 진간장 2큰술, 다진 파 1큰술, 다진 마늘 1/2큰술, 설탕 2큰술, 후춧가
루 조금, 깨소금 · 참기름 1큰술씩
떡 양념 진간장 1큰술

1 가래떡은 먹기 좋은 크기로 썰어 더운 물에 씻은 뒤 진간장에 버무려놓는다. 냉동해 둔 떡은 해동하여 끓는 물에 슬쩍 데쳐내서 쓰면 부드럽다. 분량의 재료를 섞어 양념장을 만든다.

2 쇠고기는 곱게 채 썰거나 다져서 ①의 양념장을 절반만 넣고 섞는다.

3 애호박고지는 미지근한 물에 담가 불린다. 마른 표고버섯은 물에 불려놓는다. 다른 종류의 마른 버섯을 준비했다면 마찬가지로 불려놓는다.

4 시금치는 끓는 물에 소금을 넣고 살짝 데쳐 찬물에 헹궈 꼭 짠다. 먹기 좋게 송송 썬다.

5 애호박고지, 표고버섯, 느타리버섯을 먹기 좋은 크기로 썬다. 당근은 가로 1cm, 세로 4cm 크기로 얇게 썬다. 양파는 채 썬다. 은행은 살짝 볶아 껍질을 벗긴다.

6 준비한 채소를 한데 넣고 나머지 양념장을 넣어 섞는다.

7 팬에 쇠고기를 먼저 넣고 달달 볶다가 ⑥의 채소를 넣어 볶는다.

8 가래떡을 넣고 뒤적이면서 윤기 나게 볶다가 참기름을 둘러 마무리한다.

9 달걀지단과 은행, 잣을 넣고 먹음직스럽게 담아 낸다.

명란젓국찌개

명란젓국찌개는 꼭 뚝배기에 끓여야 맛이 난다. 무와 새우젓이 들어가 소화가 잘 되고 아이들이 잘 먹어 우리 집에서는 특효약과 같은 음식이다. 명란은 빨간 물을 들이거나 매운 양념을 하지 않은 흰 명란을 쓰는 것이 좋다. 명란을 미리 잘라서 끓이면 다 터져서 알이 흐트러지므로 통째로 끓여 익은 다음 자른다.

재료: 무 100g, 흰 명란 1덩어리, 다진 쇠고기(우둔살) 50g, 새우젓 1큰술, 대파 10cm 1토막, 다진 마늘 1/2큰술, 참기름 1큰술, 달걀 1개, 물 1½컵

1 무는 가로 2.5cm, 세로 3cm, 두께 0.5cm로 나박하게 썬다.

2 뚝배기에 참기름을 바르고 무를 담고 다진 쇠고기, 새우젓, 다진 마늘, 참기름을 넣어 잘 섞이도록 버무린다. 대파는 어슷하게 썬다.

3 ②에 물을 붓고 흰 명란과 대파를 가만히 올려 불에 올린다.

4 물이 끓으면 거품을 걷어내고, 명란은 익으면 꺼내 가위로 3~4등분 한다.

5 달걀을 곱게 풀어 알줄을 친다. 달걀이 익으면 불에서 내린다.

명란비빔밥

보기 좋으면 맛도 좋다. 아이용 비빔밥을 만들 때는 모양 틀로 찍어주기도 하고 색감의 조화를 고려해 재료를 선택하기도 한다. 설탕에 절인 산수유나 앵두 같은 재료를 고명으로 조금만 얹어도 음식이 살아난다. 달걀은 완전단백질이어서 아이들에게 필요한 재료이다.

재료: 밥 1공기, 명란젓 1큰술, 구운 김가루 1큰술, 달걀노른자 1개 분량, 소금 · 참기름 · 깨소금 · 설탕에 절인 산수유 조금씩

1 빨간 물을 들이지 않은 흰 명란을 준비해 껍질을 갈라 속만 한 숟가락 떠낸다.

2 냄비에 더운밥을 담고 명란, 김가루, 깨소금, 참기름을 넣어 비빈다.

3 밥이 든 냄비를 불에 올리고 달걀은 노른자만 넣어 비벼가며 볶는다.

4 재료가 어우러지고 따뜻하게 익으면 불에서 내려 그릇에 담는다.

5 산수유 절인 것을 고명으로 얹는다.

더운 무 맑은장국을 곁들이면 아이가 한결 부드럽게 먹을 수 있고 영양 면에서도 좋다.

동치미

나는 아이에게 밥을 먹일 때 함께 떠먹이면 좋은 국물로 동치미를 최고로 친다. 아이가 먹을 동치미는 어른 것처럼 담그지 말고 적은 양을 쉽게 만들어 먹일 수 있도록 좀 더 편리한 방법을 택한다.

재료: 무 100g, 소금물(물 2컵, 소금 1/2큰술), 설탕 1/2큰술, 마늘 3쪽, 배 1/4개

1 무를 얄팍하고 네모지게 썬다.

2 마늘은 편으로 썬다. 배는 껍질을 벗기고 나박하게 썬다.

3 항아리에 무, 마늘, 배를 넣고 소금물에 설탕을 섞어 붓는다.

4 상온(17℃ 정도)에서 하루 반 정도 익힌 다음 먹인다.

나박김치

재료: 무 100g, 배추속대 2장, 마늘 3쪽, 배 1/4개, 물 2컵, 소금 · 설탕 1/2큰술씩, 고운 고춧가루 1작은술

1 무, 배추, 배를 얄팍하고 네모지게 썬다. 마늘은 편으로 썬다.

2 물에 소금, 설탕, 고춧가루를 타서 고운체에 걸러 맑은 국물을 만든다.

3 항아리에 무, 배추, 배, 마늘을 담고 ②의 국물을 부어 하루 반 정도 익힌다.

어른이 먹으려면 익힌 나박김치에 미나리와 쪽파를 썰어 얹어 먹으면 맛있다.

묵은지볶음

짭조름하면서 감칠맛이 나 어른 아이 할 것 없이 잘 먹는 밥반찬이다. 묵은지볶음을 쪽쪽 찢어서 아이 입에 넣어주면 밥을 맛있게 먹는다. 비빔밥을 먹을 때에도 하나씩 곁들이면 개운하다. 두 돌 이상 지나 꼭꼭 씹어 먹을 줄 아는 아이에게 준다. 만드는 방법은 간단하다.

묵은지(80g)를 씻어 건져 물에 5~6시간 담가 짠 기운을 뺀 뒤 3cm 길이로 쪽쪽 찢는다. 다진 마늘, 들기름, 깨소금을 넣어 버무린다. 냄비에 달달 볶다가 물을 1~2숟가락 정도만 넣고 휘 한번 섞은 다음 뚜껑을 덮어 5초 정도 짧게 뜸을 들인다.

3가지 죽 반찬

아이들은 어금니가 아직 부실하여 단단하고 질긴 것은 잘 먹지 못하니 부드러운 음식을
만드는 데 신경을 쓰도록 한다. 치아가 부실한 노인들이 부드럽고 입맛 당기는 것을 찾
는 것과 닮았다. 죽과 함께 먹기 좋은 영양 반찬 3가지를 소개한다. 옛날 우리 집 어른들
이 좋아하시던 반찬인데, 죽 드실 때 상에 놓으면 부드럽게 어울린다고 잘 드셨다. 아이
들이 아파서 죽을 먹여야 할 때 더더욱 좋고, 평상시에도 밥에 얹어주거나 비벼주면 든
든한 밑반찬이 된다.

천리찬

천리찬은 천 리 길을 가는데도 맛이 변하지 않고 여행길의 허기를 채
워줄 수 있는 음식이라고 하여 붙여진 이름이다. 옛날 우리 할아버지
도 좋아하셨던 반찬인데, 도자기로 만든 찬합에 담아두면 쉽게 변하지
않으니 아이들에게도 2~3일 안심하고 먹일 수 있는 반찬거리가 된다.
반대기로 만들거나 가루로 만드는 2가지 방법이 있다.

재료 : 다진 쇠고기(우둔살) 100g, 잣가루 1큰술
양념장 진간장 1큰술, 설탕 1큰술, 다진 마늘 1/2큰술, 후춧가루 조금

1 쇠고기를 곱게 다진다. 양념장을 만들어 1/3 분량만 고기에 넣고 양념한다.

2 팬에 고기를 달달 볶아 한김 식힌 뒤 분마기에 넣고 간다.

3 남은 양념장의 절반을 ②에 넣고 조물조물 무쳐 다시 팬에 볶는다. 보슬보슬하게 볶
  은 뒤 한김 식혀서 분마기에 다시 간다. 이렇게 3~4번을 하여 완전히 식힌 다음 잣
  가루와 섞어 도자기로 만든 찬합에 담아두고 필요할 때마다 조금씩 반찬으로 꺼내
  먹는다.

장포

양념한 고기를 너비아니처럼 구워서 방망이로 두들겨 펼쳤다가 다시 양념을 발라 굽고 다시 펼치기를 수차례 하면 오래 두고 먹어도 부드러운 밑반찬이 된다. 두 돌 이상 되어 어금니에 힘이 생긴 아이들에게 먹인다.

재료 : 쇠고기(우둔살) 100g, 잣가루 1큰술
양념장 진간장 · 설탕 1큰술씩, 다진 마늘 1/2큰술, 후춧가루 조금

1 쇠고기를 도톰하게(불고기감보다 조금 더 두껍게) 썰어 준비한다. 양념장을 만들어 그 1/3 분량을 고기에 넣고 버무린 뒤 프라이팬에 굽는다.

2 물기가 겉돌지 않게 바싹 구워지면 방망이 또는 고기를 연하게 하는 쇠망치로 두들겨 펼친다. 두들기면 고기가 넙적하게 커지면서 양념이 배지 않아 허연 부분이 희끗희끗 나타난다.

3 다시 양념장의 절반을 발라가며 굽는다.

4 다시 두들겨 펼치고 또 양념을 발라 굽고 두들겨 펼친다.

5 3~4번 반복해 연해진 고기를 손으로 뜯어서 그릇에 담고 잣가루를 뿌린다.

암치포

암치포는 민어포의 다른 이름이다. 가시 없이 살만 바르면 부드럽고
고소하여 아이 반찬으로 좋다.

재료 : 민어포 적당량, 참기름 조금

1 민어포는 가시를 제외한 살만 잘 발라낸다.

2 믹서에 넣고 갈아 북어보푸라기처럼 만든다.

3 참기름 조금 넣고 버무려 먹인다. 남은 암치포는 흰색 한지에 꽁꽁 싸서 비닐봉지에
　넣어 냉동실에 보관한다.

누룽지튀김

손주가 미국에 있을 때 와이셔츠 상자에 차곡차곡 담아서 정성스레 보냈던 간식이다. 구수한 밥맛을 안다면 일반 과자에 비할 바가 아니다. 아이들에게 과자 대신 엄마의 정성이 들어간 누룽지를 간식으로 먹이도록 한다.

재료: 누룽지 150g, 식용유 · 설탕 · 콩가루 적당량
캐러멜소스 진간장 · 설탕 · 물 1/4컵씩

1 누룽지를 구수하게 만들어 말렸다가 기름에 튀겨 건진다.

2 넓은 팬에 같은 양의 진간장, 설탕, 물을 넣고 끓여 캐러멜소스를 만든다. 보글보글 끓어오르기 시작해 방울이 큼직하게 생길 때 튀긴 누룽지를 넣고 앞뒤로 소스를 입혀 건진다.

3 기호에 따라 설탕과 콩가루를 뿌린다.

약밥

어린 아이들은 대추나 계피처럼 향이 강한 재료를 싫어한다. 약밥에는 원래 대추와 계피가 들어가지만 아이들 먹을 것이라 이번 레시피에는 생략했다. 아이들이 좋아할 만한 건포도를 넣어도 좋고 잣과 같이 부드러운 견과류도 적당하다. 너무 달면 좋지 않으니 당도를 알맞게 조절한다.

재료: 불린 찹쌀 2컵, 물 1½컵, 진간장 · 황설탕 2큰술씩, 참기름 1큰술, 밤 3개

1 불린 찹쌀을 솥에 넣는다. 밤은 껍질을 까고 2~4등분 하여 쌀 위에 얹는다.

2 물에 진간장, 설탕, 참기름을 넣고 섞는다.

3 찹쌀이 들어 있는 솥에 ②의 물을 가만히 붓고 밥을 짓는다. 10분 정도 끓인 다음 10분 정도 약한 불로 뜸을 들인다. 이렇게 총 20분 정도 끓이면 약밥이 알맞게 익는다.

식혜

국물 위로 밥알이 하얗게 떠있는 식혜는 보기에도 깔끔하고 시원하다. 삭힐 때 밥알을 제때 건져내어 씻어서 따로 두면 가라앉지 않고 모두 국물 위로 뜬다. 석류알을 띄운 식혜는 멋스럽기까지 하다.

재료: 불린 쌀 2컵, 엿기름 2컵, 설탕 1~2컵, 따뜻한 물 10컵, 잣 조금

1 엿기름은 따뜻한 물에 3~4시간 담가 불린 뒤 손으로 주물러 고운체에 거른다. 그 물을 가만히 두어 앙금을 가라앉힌다.

2 멥쌀은 씻어서 2시간 정도 불린 뒤 김이 오른 찜통에 젖은 면보자기를 깔고 얹어 고슬고슬하게 밥을 짓는다.

3 ①의 앙금이 가라앉아 맑은 윗물이 생기면 조심스럽게 윗물만 따라 보온밥통에 붓고 ②의 밥을 넣어 60~70℃에서 4~5시간 따뜻하게 발효시킨다.

4 밥통 뚜껑을 열어 밥알이 하얗게 동동 떠올라 있으면 밥알을 모두 체로 건져 찬물에 헹군 뒤 소쿠리에 담아 물기를 뺀다.

5 냄비에 ④의 국물을 따라 붓고 설탕을 넣어 끓인다. 거품을 걷어내면서 끓인 뒤 차게 식혀 밥알과 잣을 띄워 낸다.

기호에 따라 유자청이나 석류를 조금 곁들여도 좋다.

돌 전 아이를 위한 음식

김숙년 선생의 제자들이 입을 모아 추천한, 이유기 아이에게 꼭 필요한 영양 유동식을 소개한다. 하나씩 만들어 먹여보면서 내 아이의 입맛, 성격, 성장의 흐름까지 살펴볼 수 있다. 아이의 발달단계에 따라 이유식 초기, 중기, 후기 등으로 나눌 수 있으나 뚜렷한 구분은 두지 않았다. 아이가 삼키고 소화시키는 데 무리가 없는지 엄마가 관찰하여 선택하면 된다. 옛 어른들의 지혜가 담긴 우리네 이유식이다.

아이가 태어나면 우선 입맛을 다신다. 무엇이든 빨려고 오물거리는 것이 본능이니까.

볼이 쏙 들어가도록 오물거리며 손수건도 빨고 엄마 옷도 빨고, 젖만 빨던 아이는 점점 더 다른 것을 원하게 된다.

일찍 성숙하는 아이는 4~5개월이면 유치가 나기 시작한다. 이유식은 아이가 몇 개월인가에 맞추기보다 아이의 성장 정도에 맞춰야 한다. 늦는다고 보채지 말고, 너무 빠르다고 조바심 내지 말자.

아랫니 두 개가 올라오고 윗니도 근질근질, 어른이 밥을 먹으려 하면 숟가락도 뺏고 밥그릇도 잡아당긴다. 그러면 이유식을 시작할 시기가 된 것이다.

보통 책을 보면 몇 개월에 무엇을 먹여라, 어떻게 먹여야 한다 하지만 이는 평균적인 이야기일 뿐, 내 아이에게 맞추는 것이 중요하다.

아이의 성장 정도에 따라 응이 – 조미음 – 쌀미음으로, 다시 타락죽 – 떡암죽 – 잣죽 – 밤암죽 – 쌀암죽으로 발전시킨다.

기어다니고 활동이 왕성해지면 애호박, 두부, 새우젓, 멸치, 달걀, 가자미 등 단백질 식품을 더 추가한다.

이유식을 하는 동안 아이를 잘 관찰하라고 당부하고 싶다. 이유식을 만들고 먹이는 모든 과정이 아이를 이해해가는 길임을 잊지 말기 바란다.

쌀미음 재료: 불린 쌀 1/2컵, 물 2½컵

1 쌀을 1~2시간 불려 믹서에 간다.

2 냄비에 쌀과 물을 넣고 끓인다.

3 체에 한 번 거른다.

조미음

재료: 메조 1/2컵, 불린 쌀 1/4컵, 물 2½컵

1 메조는 씻어서 일어 놓는다.

2 쌀은 1~2시간 불려 믹서에 살짝 간다. 너무 곱게 갈면 풀처럼 되니 알갱이가 거칠게 간다.

3 냄비에 메조, 물, 쌀 간 것을 넣고 끓인다.

4 체에 거른다. 소금을 아주 조금만 넣어 간을 살짝 해도 좋다.

타락

재료: 우유 1컵, 불린 쌀 1/4컵, 물 1/2컵

1 불린 쌀과 물을 믹서에 담아 곱게 갈고 체에 한 번 거른다.

2 냄비에 쌀과 물을 붓고 우유를 넣어 나무주걱으로 저으면서 중간 불에서 끓인다.

3 그릇에 담는다.

떡 암죽

재료: 백설기 50g, 물 1컵, 소금 · 설탕 조금씩

1 백설기를 조금씩 떼어 물에 담가 불린다.

2 어느 정도 떡이 풀리면 냄비에 붓고 끓인다.

3 뭉근하게 풀어지면 그릇에 담는다. 백설기에 소금과 설탕이 어느 정도 들어가 있으면 암죽에 따로 소금과 설탕은 넣지 않는다.

잣죽

재료: 불린 쌀 1/2컵, 잣 1/4컵, 물 3컵, 소금 조금

1 잣은 고깔을 떼고 잣이 잠길 정도의 물을 넣어 곱게 갈아 체에 밭친다. 물은 준비한 물 분량에서 나누어 쓴다.

2 쌀은 충분히 불려서 믹서에 넣고 잠길 정도의 물을 부어 곱게 갈아 체에 밭친다.

3 냄비에 쌀과 남은 물을 넣고 끓인다.

4 쌀이 엉기는 기미가 보이면 잣물을 조금씩 부어가며 멍울이 지지 않도록 저어서 끓인다.

5 소금은 먹을 때 넣는다.

밤암죽

재료: 밤 7톨(80g), 불린 쌀 1/4컵, 물 1½컵, 소금 · 설탕 조금씩

1 밤은 껍질을 벗겨 물을 살짝 넣고 믹서에 곱게 갈아 체에 한 번 밭친다.

2 쌀은 불려서 믹서에 갈아 체에 밭친다.

3 냄비에 쌀과 물을 붓고 주걱으로 저으며 끓이다가 밤을 넣고 끓인다.

4 그릇에 담고 먹을 때 소금이나 설탕을 아주 조금 넣어 간을 맞춘다.

쌀암죽

재료: 고슬고슬한 밥 적당량, 물 1½컵, 소금 · 설탕 조금씩

1 쌀을 불려 고슬고슬한 밥을 만든 후 햇볕에 바싹 말린다.

2 말린 밥을 프라이팬에 볶아 가루로 만든다.

3 ②의 쌀가루 1/4컵에 물 1½컵을 넣어 끓인다. 먹을 때 설탕과 소금을 조금 넣어도
  좋다.

애호박죽

재료: 애호박 100g, 불린 쌀 1/4컵, 물 1½컵, 소금 · 설탕 조금씩

1 불린 쌀을 믹서에 담고 물을 조금 부어서 곱게 간다.

2 애호박은 찜통에 쪄서 체에 내리거나 믹서에 간다.

3 냄비에 쌀과 물을 넣고 저으면서 끓이다가 ②의 애호박과 소금을 조금 넣고 끓인다.

4 그릇에 담아 소금과 설탕을 아주 조금만 넣고 섞는다.

호박젓국죽

재료: 불린 쌀 1/4컵, 애호박 100g, 새우젓 5g, 물 1½컵, 소금 · 참기름 조금씩

1 불린 쌀을 믹서에 넣고 쌀알갱이가 보일 정도로 거칠게 간다.

2 호박은 곱게 다진다.

3 새우젓도 곱게 다진다.

4 냄비에 쌀 간 것과 물을 넣고 저어가며 끓인다.

5 새우젓, 호박, 소금을 넣고 끓인다.

6 쌀알이 퍼지고 되직하게 어우러지면 그릇에 담고 참기름을 살짝 뿌려 낸다.

무젓국죽(어금니 나기 전)

재료: 불린 쌀 1/4컵, 무 100g, 다진 쇠고기 30g, 새우젓 5g, 물 1½컵, 참기름 · 소금 조금씩

1 불린 쌀을 믹서에 넣고 물을 조금 부어 약간 알갱이가 보일 정도로 거칠게 간다.

2 쇠고기는 곱게 다지고 새우젓도 곱게 다진다.

3 무는 강판이나 믹서에 갈아 놓는다.

4 쇠고기에 새우젓, 참기름을 넣고 조물조물 양념한다.

5 냄비에 쇠고기를 넣어 볶다가 쌀 간 것과 물을 넣고 저으면서 끓인다.

6 한소끔 끓으면 무를 넣고 쌀알이 퍼지도록 뭉근하게 끓여 그릇에 담는다.

무젓국죽(어금니 난 후)

재료: 무 50g, 쇠고기(우둔살) 30g, 대파 흰 줄기 10cm, 불린 쌀 1/3컵, 물 2컵, 새우젓(육젓) 1큰술, 다진 마늘 1/2큰술, 참기름 1/2작은술

1 무는 2×3cm 크기로 나박하게 썰어 뚝배기에 담는다.

2 곰삭은 새우젓을 곱게 다져 다진 마늘과 참기름으로 양념한다.

3 쇠고기는 곱게 다져 ②의 양념에 버무려 ①의 뚝배기에 담는다.

4 뚝배기에 물 1/2컵을 붓고 무가 푹 무르도록 끓인다. 중간에 대파를 넣는다.

5 불린 쌀은 믹서에 살짝 간다.

6 ④의 뚝배기에 ⑤의 쌀을 조금씩 넣으면서 죽을 쑨다.

7 걸쭉해지면 나머지 물을 붓고 다시 걸쭉해지도록 끓인다.

8 죽이 다 끓으면 파는 건져내고 그릇에 담아낸다. 아이가 어리면 무와 고기는 먹이지 말고 쌀알갱이 위주로 주도록 한다.

멸치채소죽

재료: 불린 쌀 1/4컵, 시금치 30g, 당근 50g, 멸치국물(물 3컵, 마른 새우 30g, 멸치 30g, 다시마 10g을 충분히 끓여 체에 걸러서 사용한다) 1½컵

1 불린 쌀은 믹서에 넣고 물을 조금 부어 거칠게 간다.

2 시금치는 데쳐서 찬물에 헹궈 물기를 꼭 짜고 송송 썬다.

3 당근은 강판에 갈거나 믹서에 갈아 놓는다.

4 마른 새우, 멸치, 다시마, 물을 냄비에 넣고 30분 정도 끓인 후 체에 걸러 멸치국물을 만든다.

5 ①의 쌀에 멸치국물을 넣고 저으면서 끓인다.

6 쌀알이 어느 정도 퍼지면 당근, 시금치를 넣고 끓인다.

달걀밥　　**재료:** 불린 쌀 1/4컵, 달걀 1개, 물 1/3컵, 참기름 1/2큰술, 소금 조금

1 달걀을 물에 풀고 소금을 조금 넣어 체에 내린다.

2 뚝배기에 불린 쌀과 참기름을 넣어 달달 볶다가 달걀물을 부어 밥을 한다.

달걀암죽

재료: 불린 쌀 1/4컵, 달걀 1개, 물 1½컵, 참기름 · 소금 조금씩

1 달걀을 풀어 체에 밭친다.

2 불린 쌀을 참기름에 볶는다.

3 ②에 물을 부어 저으면서 끓인다. 걸쭉해지면 달걀 푼 것을 넣고 한소끔 더 끓인다.

4 그릇에 담고 소금, 참기름을 곁들여 낸다.

가자미죽

재료: 가자미(살 발라낸 것) 80g, 불린 쌀 1/4컵, 가자미 국물 1½컵, 소금 · 간장 조금씩

1 가자미는 푹 끓여 살을 발라낸다. 끓인 국물은 따로 걸러 둔다.

2 불린 쌀은 믹서에 넣고 물을 조금 부어 알갱이가 약간 있을 정도로 거칠게 간다.

3 냄비에 쌀과 ①의 가자미 삶은 물을 붓고 끓인다.

4 쌀알이 부드럽게 퍼지면 발라 둔 가자미살을 넣고 한 번 더 끓여 간장과 소금으로 간을 한다.

흰죽

재료: 불린 쌀 1/4컵, 물 1½컵, 참기름 · 소금 · 간장 조금씩

1 쌀은 씻어서 1~2시간 불린다.

2 불린 쌀을 건져 냄비에 넣고 참기름을 넣어 살짝 볶는다.

3 물을 붓고 저어서 한소끔 끓어오르면 약한 불에서 가끔 저어가며 30분 정도 끓인다.

4 밥알이 퍼지면서 걸쭉하게 어우러지면 그릇에 담고 소금, 간장을 곁들인다.

대추죽

재료: 찹쌀가루 1/4컵, 대추 30g, 밤 20g, 물 1¼컵, 잣가루 1큰술, 소금 · 꿀 조금씩

1 대추와 밤은 깨끗이 씻어 냄비에 담아 푹 삶은 후 체에 내린다.

2 찹쌀가루에 물을 조금씩 부어 잘 풀어서 냄비에 담고 저어가며 끓인다.

3 ②에 ①을 넣고 어우러지도록 끓인다.

4 그릇에 담고 잣가루를 얹어서 낸다. 소금, 꿀을 곁들인다.

장국죽

재료: 불린 쌀 1/4컵, 다진 쇠고기 10g, 표고 10g, 파 5g, 간장 · 소금 · 참기름 조금씩, 잣가루 1/2 작은술

1 쌀을 불려서 믹서에 거칠게 간다.

2 표고는 물에 불려 곱게 채 썰고 쇠고기와 함께 간장, 소금, 참기름으로 양념한다.

3 냄비를 달궈 ②를 볶다가 쌀과 물, 파를 넣고 끓인다.

4 쌀알이 퍼지도록 끓으면 파는 건져내고 그릇에 담는다.

5 잣가루를 얹어 낸다.

된장두부국

재료: 다진 쇠고기 10g, 연두부 50g, 된장 1/2작은술, 대파 5g, 멸치국물 1/2컵(마른 새우 30g, 멸치 30g, 다시마 10g, 물 3컵을 충분히 끓여 체에 걸러서 사용한다), 달걀흰자 1큰술

1 멸치국물에 된장을 풀고 대파와 쇠고기를 넣어 끓인다. 거품은 걷어낸다.

2 여기에 연두부와 흰자를 넣고 한소끔 끓이고 불에서 내린다. 대파는 건져낸다.

새우죽

재료: 새우 50g, 불린 쌀 1/4컵, 물 1½컵, 소금 조금

1 새우는 껍질을 벗기고 꼬챙이로 내장을 빼낸 다음 깨끗이 씻어 잘게 썬다.

2 불린 쌀을 믹서에 살짝 간다.

3 냄비에 쌀과 물을 붓고 끓이다가 쌀이 라이 부드러워지면 새우를 넣고 약한 불에서 끓인다.

4 그릇에 담고 소금으로 간한다.

된장두부찌개죽

재료: 중멸치 10마리, 두부 30g, 데친 시금치 20g, 감자 10g, 양파 10g, 불린 쌀 1/3컵, 물 1/2컵, 된장 1큰술, 쌀뜨물 1컵

1 멸치는 머리와 내장을 제거하고 냄비에 살짝 볶는다.

2 뚝배기에 볶은 멸치를 넣고 물을 1컵 정도 부어 뭉근하게 끓인다.

3 쌀뜨물에 된장을 풀어 ②에 넣고 끓인다.

4 불린 쌀을 믹서에 굵게 갈고, 양파와 감자도 믹서에 간다.

5 ④를 ③의 뚝배기에 넣고 끓인다.

6 두부와 데친 시금치를 곱게 다져 함께 넣고 고루 섞으면서 약한 불에서 뜸을 들인다.

7 먹기 전에 멸치는 골라낸다.

애호박젓국죽

재료: 애호박 50g, 다진 쇠고기 30g, 당근 30g, 불린 쌀 1/3컵, 물 2컵, 새우젓 1큰술, 다진 마늘 1/2큰술, 참기름 1/2작은술

1 애호박과 당근은 곱게 썰어 믹서에 간다.

2 새우젓을 곱게 다져 쇠고기에 넣고 다진 마늘, 참기름을 넣어 조물조물 무친다.

3 불린 쌀은 믹서에 간다.

4 뚝배기에 양념한 쇠고기와 물을 약간 넣고 볶다가 애호박과 당근, 나머지 물, 쌀을 넣어 나무주걱으로 저어가며 끓인다.

채소두부장죽

재료: 시금치 10g, 조개 3개, 마른 새우 5개, 두부 30g, 불린 쌀 1/2컵, 물 3컵, 된장 1/2큰술, 두부장 1/3큰술, 쌀뜨물 1컵

※ 두부장은 두부의 물기를 꼭 짜 베보자기에 싸서 된장 항아리에 1년 동안 숙성시켜 만든다.

1 두꺼운 냄비에 물을 붓고 조개와 새우를 끓인다.

2 시금치는 끓는 물에 데쳐 찬물에 헹궈 꼭 짜서 곱게 썬다. 두부는 잘게 썬다.

3 ①의 육수를 면보에 걸러 맑은 물만 받아내고 된장을 쌀뜨물에 풀어 함께 넣는다.

4 불린 쌀을 믹서에 굵게 갈아 ③의 국물을 부어 저어가며 끓인다.

5 쌀알이 투명하게 익으면 시금치와 두부를 넣고 중간불로 뭉근히 끓인다.

6 걸쭉해지면 두부장을 조금씩 넣어가며 뜸을 들인다.

간장해물죽

재료: 멸치 10마리, 새우 5마리, 홍합(또는 전복) 1~2개, 당근 20g, 양파 20g, 양배추잎 1장, 시금치 10g, 소금 약간, 다시마(3×5cm) 1조각, 불린 쌀 1/2컵, 물 3~4컵, 간장 조금, 다진 마늘 · 다진 파 1/2큰술씩, 참기름 1/2큰술

1 두꺼운 냄비에 물을 붓고 멸치, 새우, 홍합을 넣어 푹 끓인다.

2 ①에 당근, 양파, 양배추를 넣고 푹 끓이다가 다시마를 넣고 3분 정도 우린 뒤 모든 건더기를 건져낸다. 당근은 골라서 곱게 썰어둔다.

3 여기에 불린 쌀을 넣고 죽을 쑨다.

4 시금치는 끓는 소금물에 데쳐 찬물에 헹궈 꼭 짜서 송송 썬다.

5 쌀이 익으면 마늘, 파, 간장을 섞어 죽에 넣고 나무주걱으로 저으며 끓이다가 참기름을 두른다.

6 시금치와 당근을 넣어 그릇에 담아낸다.

간장장국죽

재료: 감자 1개(30g), 쇠고기 50g, 당근 30g, 양파 1/2개(20g), 달걀노른자 1개, 다시마(3×5cm) 1조각, 불린 쌀 1/2컵, 물 3컵, 진간장 · 국간장 1/2큰술씩, 다진 마늘 · 다진 파 1/2큰술씩, 참기름 1/3큰술

1 쇠고기는 곱게 다지고, 감자, 양파, 당근은 작게 썬다.

2 달걀노른자는 곱게 풀어 놓는다.

3 다진 쇠고기에 간장, 국간장, 다진 마늘, 다진 파, 참기름을 넣어 양념한다.

4 두꺼운 냄비에 물을 붓고 팔팔 끓이다가 양념한 쇠고기를 넣어 푹 끓인다. 다시마를 넣었다가 끓으면 다시마는 건져낸다.

5 고기가 푹 익어 국물에 맛이 나면 곱게 썬 채소와 불린 쌀을 넣고 쌀알이 퍼지도록 끓인다.

6 죽이 다 되면 달걀노른자 푼 것을 넣고 나무주걱으로 저어 그릇에 담는다.

고추장장국죽

재료: 흰살생선살 50g, 애호박 30g, 멸치 10마리, 쇠고기 50g, 불린 쌀 1/2컵, 쌀뜨물 3컵, 김가루 약간, 고추장 1/3큰술, 된장 1큰술, 다진 마늘 1/2큰술

1 두꺼운 냄비에 물을 붓고 멸치, 송송 썬 쇠고기, 흰살생선살을 넣고 1시간 푹 끓인다.

2 건더기를 건져내고 깍둑 썬 애호박을 넣고 고추장, 된장, 다진 마늘, 쌀뜨물을 넣어 끓인다.

3 ②에 불린 쌀을 넣어 나무주걱으로 저어가며 죽을 쑨다.

4 호박이 말캉하게 익고, 쌀이 퍼져 죽이 어우러지면 그릇에 담는다. 김가루를 뿌려 낸다.

고추장소스비빔밥

재료: 진밥 1/3~1/2컵, 반숙달걀 1개, 깨소금 1/3큰술, 참기름 1작은술, 김가루 조금

고추장소스 볶음고추장 1/2큰술, 꿀 1큰술, 간장 1큰술, 식혜물(집에서 만든 식혜에서 밥알갱이를 뺀 국물) 1큰술, 굵게 다진 잣가루 조금, 땅콩가루 1큰술

1 고추장소스 재료를 한데 섞는다.

2 진밥을 그릇에 담고 반숙 달걀과 깨소금, 참기름, 김가루를 뿌린다.

3 ②에 ①의 고추장소스 1/2작은술을 넣어 비빈다.

고추장소스는 가래떡이나 백설기, 과자, 빵 등에 찍어 줘도 좋다.

땅콩에 알레르기가 있는 아이는 땅콩가루를 넣지 말고 먹인다.

밤 구이 암죽

재료: 누룽지 50g, 밤 5톨, 물 1½컵, 소금 조금, 참기름 1/2큰술, 멸치국물 적당량

1 밥을 구수하게 누룽지를 만들어 햇볕에 바싹 말려 절구나 분쇄기에 간다.

2 밤은 칼집을 내어 모닥불이나 오븐에 구워 껍질을 벗기고 절구나 분쇄기로 으깬다.

3 두꺼운 냄비에 멸치국물을 담고 ①의 누룽지와 ②의 밤을 넣어 끓인다.

4 국물이 자작해지면 참기름을 넣고 뜸을 들인다. 소금으로 간하여 낸다.

장조림 간장을 찍어가며 먹이고 소화가 잘 되도록 동치미 국물이나 식혜물을 중간 중간 마시게 한다.

마늘버섯 암죽

재료: 통마늘 2톨, 양송이버섯 5개, 호박잎 6장, 애호박 1/4개, 불린 쌀 1/2컵, 참기름 1큰술, 소금 조금, 진간장 또는 장조림간장 1/2큰술

1 통마늘은 껍질을 1~2겹 남도록 까서 호박잎에 싸서 모닥불에 20분 정도 굽는다.

2 양송이버섯도 하나씩 호박잎에 싸서 모닥불에 굽는다.

3 애호박은 찜통에 쪄서 체에 거른다.

4 불린 쌀은 절구나 믹서에 굵게 간다.

5 구운 마늘과 양송이를 곱게 다진다.

6 두꺼운 냄비를 달궈 참기름을 두르고 쌀을 볶다가 마르, 버섯을 넣고 섞은 후 호박 으깬 것을 넣어 섞는다. 소금으로 간을 하여 내고 장조림간장을 곁들인다.

마 암죽

재료: 마 100g, 불린 쌀 1/3컵, 물 1컵, 달걀 1개, 소금 조금, 참기름 1/2작은술

1 마는 껍질을 벗겨 강판에 곱게 간다.

2 쌀은 30분 정도 불려 믹서에 굵게 간다.

3 달걀은 풀어서 체에 걸러 놓는다.

4 냄비에 참기름을 두르고 쌀을 넣고 볶다가 물을 붓고 나무주걱으로 저으며 끓인다.

5 죽이 걸쭉하게 되면 마 간 것과 달걀 푼 것을 넣고 살살 저어가며 익힌다. 소금 간을 약하게 하고 불에서 내린다.

홍합 암죽

재료: 홍합 3마리, 불린 쌀 1/2컵, 물 1컵, 멸치가루 1/2큰술, 참기름 1/2큰술, 소금 조금

1 홍합은 살만 발라 소금물에 흔들어 씻고 가위로 털을 잘라내고 곱게 다진다.

2 쌀은 믹서에 굵게 간다.

3 두꺼운 냄비에 참기름을 두르고 쌀을 볶다가 홍합 다진 것을 넣고 볶는다. 물을 조금씩 부어 죽을 쑨다.

4 죽이 어우러지면 곱게 내린 멸치가루를 넣고 간장이나 소금으로 슴슴하게 간을 하여 낸다.

멸치가루는 멸치 머리와 내장을 떼어내고 마른 냄비에 달달 볶은 다음 곱게 갈아 체에 거른 고운 가루만 쓴다.

딸에게 일러준 요리 비결

장보기부터 재료 손질, 조리, 보관까지의 과정에서 꼭 알아두어야 할 요리 정보를 소개한다. 오랜 세월 요리를 해오며 딸에게, 며느리에게, 손녀에게 전해주던 것 중에서 아이 밥상을 준비할 때 특히 필요한 부분을 골랐다. 부엌에 붙여두고 요리할 때마다 활용해보자.

아이 있는 집의 쇠고기 장보기

아이가 있는 집에는 다진 고기를 늘 준비해두는 것이 좋다. 집에서 직접 다져 쓰는 것은 힘드니 정육점에 가서 원하는 부위를 골라 다져달라고 하자. 기계에 내린 것보다는 칼로 직접 다져야 맛이 좋다. 기름기 없는 우둔살이 좋은데, 한 번 먹을 만큼만 나눠서 보관해두면 요리할 때 편하다. 고기를 랩으로 감싼 다음 이쑤시개로 구멍을 내어 공기를 빼고 다시 랩으로 돌돌 말아 공기와의 접촉을 피한다. 다진 고기가 공기를 만나면 쉽게 색이 변하기 때문이다. 국물을 내는 데는 양지머리가, 장조림을 만들 때는 치마살이 좋으니 이 또한 상비해두면 아이 밥상 걱정할 일이 별로 없다.

오이를 씻는 요령

양손에 고무장갑을 끼고 굵은 소금 한줌을 오이에 묻혀 거품이 나도록 꼼꼼히 문질러 씻는다. 엄지손가락으로 아기 팔의 때를 밀어주듯이 힘 있게 한참을 문지른다. 이렇게 하면 오이가 적당히 꼬들꼬들하게 절여지면서 비취빛이 돈다.

시금치를 씻는 요령

시금치는 뿌리를 잘라내고 누런 떡잎을 골라낸 다음 넉넉한 양의 찬물에 30분 정도 담갔다가 씻어 건진다. 시금치나 쑥갓, 상추, 냉이 등 밭에서 나는 잎채소는 이렇게 30분 정도 찬물에 담갔다가 씻어야 흙이 질금질금 씹히지 않는다. 손가락을 부채처럼 펼쳐 윗면을 살살 흔들어 건져내면 바닥에 흙이 가라앉은 것이 보인다. 두 번째 물부터는 흙이 거의 나오지 않으니 눈으로도 확인이 가능하다.

쌀을 씻을 때는

쌀은 반드시 찬물로 씻어야 탄력이 있다. 첫 번째 물은 재빨리 헹궈 내고, 두 번째 물을 부어서 바락바락 주물러 씻는다. 이 두 번째 물이 속쌀뜨물이라고 하여 요리에 쓰는 것이다. 속쌀뜨물은 두 번째 물이 진하고 구수하나 세 번째 물 정도를 속뜨물로 사용하기도 한다. 쌀은 서너 번 물을 바꿔 맑은 물이 나올 때까지 씻는다.

은행 볶기

은행은 가을에 손질해 냉동실에 두고 일 년 내내 사용한다. 겉껍질은 뾰족한 테두리 부분을 망치로 살살 두들겨 쪼개어 벗겨내고, 속껍질은 프라이팬에 기름을 살짝 두르고 소금을 넣어 볶아 말갛게 익으면 면보자기로 감싸 비비면 벗겨진다. 소금을 넣고 볶아야 은행 색이 진한 초록빛으로 예쁘다. 볶은 은행은 기름기를 걷어내기 위해 물에 한번 헹궈 면보자기로 다시 닦아내고 작은 페트병에 담아 냉동실에 보관한다.

생강 보관 요령

생강은 비닐에 싸서 냉장고에 넣으면 쉽게 곰팡이가 생기고 썩어버린다. 생강은 담아놓은 봉지나 그릇의 위를 완전히 열어 바람이 통하도록 하여 상온에 둔다.

맛내기 비법, 들참(들기름+참기름)

김숙년 선생님 부엌의 양념서랍에는 '들참'이라고 쓰인 기름병이 꼭 있다. 참기름과 들기름을 반씩 섞은 것이다. 들기름은 실온에 두면 산패가 빠른데 참기름은 들기름보다 산패가 느려 이 둘을 합쳐 쓰면 보관도 쉬울 뿐 아니라 무엇보다 맛이 좋다. 여러 요리의 마무리 맛내기 양념으로 아주 요긴하다. 들기름만으로는 느끼하고 참기름만으로는 쓴맛이 난다는 이들에겐 특히 유용한 재료가 될 듯.

국물 맛있게 내기

국을 끓일 때 물을 세 번에 나눠 넣는다. 처음은 고기 볶을 때, 그 다음은 재료를 넣은 뒤 재료가 잠길 정도로 부어 어우러지게 한다. 마지막에 남은 물을 마저 넣고 끓인다.

멥쌀과 찹쌀을 섞은 가래떡

가래떡은 보통 멥쌀만으로 만드는데 찹쌀을 20% 정도 섞으면 한결 부드럽고 쫄깃하다. 한 번에 넉넉히 만들어 냉동실에 두었다가 먹을 때 해동한 다음 끓는 물에 살짝 데쳐 쓴다. 이렇게 하면 냉장고에서 배인 냄새도 나지 않고 처음처럼 부드럽다.

한국 요리에는 백오이와 애호박

오이를 고를 때 청오이와 백오이, 어떤 것을 사야 할지 모르겠다는 사람이 많은데, 한국요리에는 대체로 백오이를 쓰면 된다. 오이지나 오이김치를 담글 때도 백오이로 한다. 호박도 주키니가 아닌, 연둣빛 애호박을 쓴다.

동지 지나면 잡곡밥

햅쌀은 한 해의 영양가를 머금은 쌀이라 맛도 영양도 좋으니 흰 쌀밥으로 지어 먹는다. 그러다 동지가 지나면 그 기운이 떨어지고 맛도 떨어지게 되는데, 이때는 쌀밥에 콩도 넣고 수수며 팥, 차조 등을 섞어 잡곡밥을 지어 먹으면 좋다.

청국장도 한 철

청국장은 해콩이 나오는 가을부터 제 맛이 난다. 동지가 지나면 해콩의 구수한 맛이 한풀 꺾이니 제대로 된 청국장을 맛보려면 동지 전에 먹도록 한다.

어떻게 떡잎을 떼었을까?

나와 내 주변 사람들은 만나면 우선 집안 어른들 안부부터 묻는다. 오랜만에 만났던 수일 만에 만났던 으레 어른 안부부터 묻는 상례가 우리네 범절이었다.

나의 아버지는 다섯 형제였는데, 시경을 좋아하고 낭만적인 풍류객이셨던 아버지를 비롯하여 네 분 삼촌 모두 기라성 같았다. 아버지는 일찍이 돌아가셨으나 삼촌들은 팔십이 훨씬 넘도록 살아계셨으니 어른들의 안부를 묻는 것이 당연했고, 나아가 윗사람 아랫사람 할 것 없이 서로 인사를 나눴다.

어린 시절부터 성인이 된 후까지도 나에게 가장 많은 영향을 주신 분은 둘째아버지인 일중 김충현—中 金忠顯 선생이다. 둘째아버지는 절대로 잔소리를 하지 않으셨다. 내가 여쭤보는 것들에도 늘 친절하고 자세한 설명을 곁들이셨다. 〈소학〉, 〈내훈〉, 〈송강가사〉, 〈관동별곡〉, 〈사미인곡〉, 〈속미인곡〉 등을 골라 가져가면 흥취 있게 글 풀이를 해주셨다.

특히 둘째아버지가 중히 여긴 것은 소학小學이었다. '자식이 능히 밥을 먹거든'이라는 구절에서는 '자식을 잘 길러야 한다'며 조카인 나에게도 직분이나 의무, 책임 등을 알아듣게 잘 가르쳐주셨다.

셋째아버지는 보학譜學을 백과사전 줄줄 외우셨다. 맹자, 장자, 이백의 시 이야기를 하실 때면 나는 무아지경이 되었다. 넷째아버지 여초如初는 성질이 급하셔서 그분 말씀이라면 민첩하게 알아듣고 실행해야 했다. 그분의 진보적인 향학열은 나를 대학에까지 보내는 힘이 되었다. 다섯째아버지인 막내 삼촌은 나하고 두 살 차이밖에 나지 않는 과학도였다. 자상한 어조와 예쁜 웃음을 가진 분이었는데, 나를 멋과 맛을 겸비한 신여성으로 만들고 싶어 하셨다.

이렇듯 옛 어른들의 가르침 속에서 자란 나는 그 지혜와 이야기들이 세상을 살아가는 데 있어, 또 자식을 기르는 데 있어 얼마나 소중한 것인지 느끼고 또 느낀다.

우리 아버지는 내가 아직 어렸을 때인데도 크고 좋은 박을 골라 바가지 두 개를 만드시고는 '해산박'이라고 먹 글씨로 써서 대들보에 걸어두셨다. 딸이 시집을 가 해산한 후에 쌀을 씻는 바가지와 미역을 씻는 바가지로 쓰라는 뜻이었다. 그 쓰임보다도 여자로서 '어머니'의 역할을 훌륭히 해내라는 바람을 담아 어릴 적부터 그 의지를 심어주신 것이 아니겠는가.

법도가 엄했지만 결코 아랫사람만 어른을 섬기라는 권위적인 것은 아니었다. 늘 어른들이 먼저 도리를 지켜 모범이 되었다. 그러면 자연스레 아랫사람이 어른을 따르고 그렇게 질서가 잡혔다. 지혜로운 옛 어른들의 교육이다.

인간은 윗대에서부터 이어져 내려와 현재를 살고 있고, 또 우리는 우리의 자식, 그 자식의 자식으로 이어지는 가교 역할을 하고 있으니, '좋은 어른', '좋은 엄마'가 되어야 할 책임이 막중하다. 돌이켜보면 감사한 집안 어른들의 철학과 가르침이 없었으면 내가 과연 어떻게 떡잎을 떼었겠는가?

삶을 먼저 살아낸 어른들의 이야기를 참고하여 지혜롭게 현재를 살아가기를 바라는 마음 한이 없다.

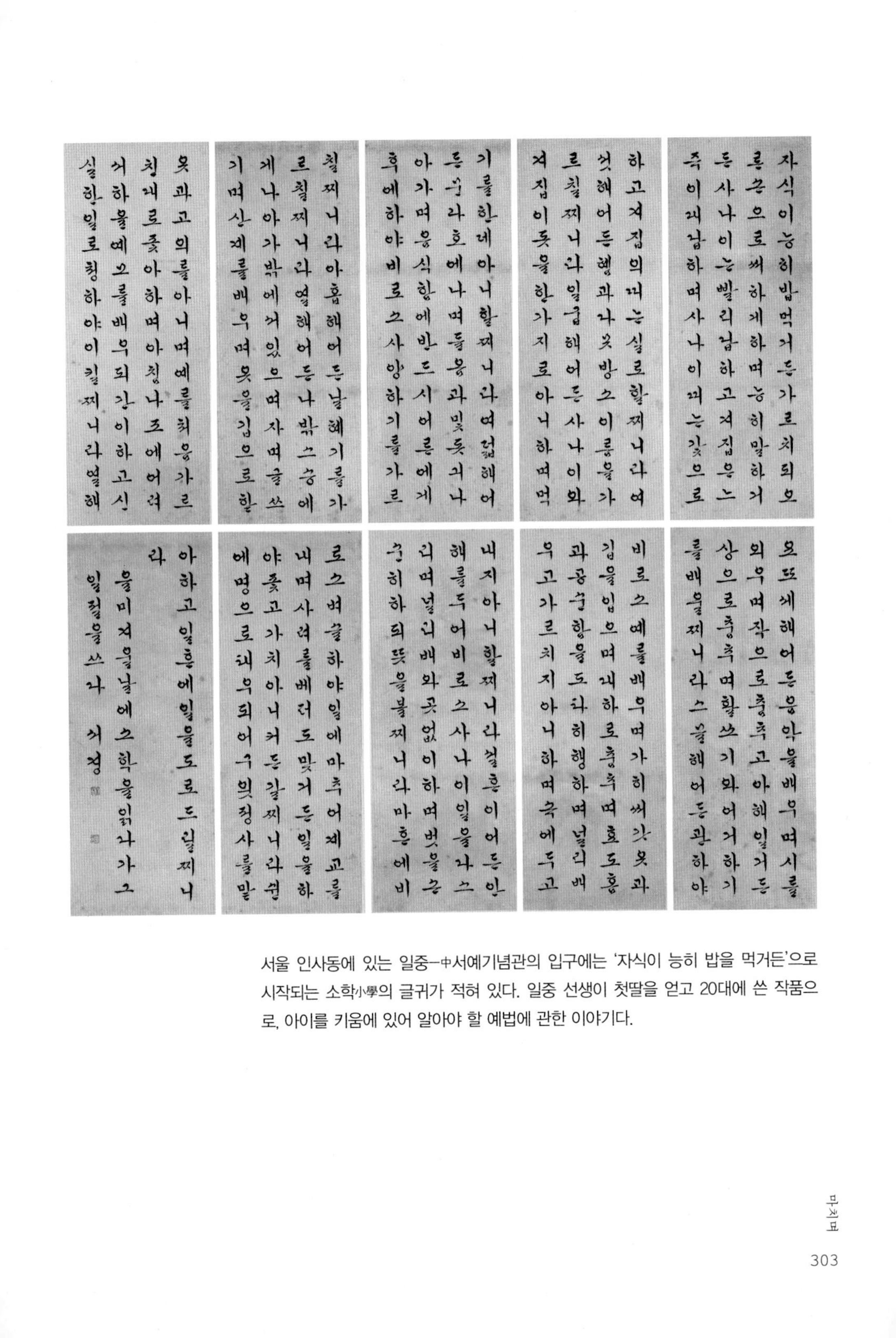

서울 인사동에 있는 일중一中서예기념관의 입구에는 '자식이 능히 밥을 먹거든'으로 시작되는 소학小學의 글귀가 적혀 있다. 일중 선생이 첫딸을 얻고 20대에 쓴 작품으로, 아이를 키움에 있어 알아야 할 예법에 관한 이야기다.

올해의 신사임당 김숙년 선생이 전하는

오늘의 육아

ⓒ김숙년, 2015

초판 1쇄 발행일 2015년 4월 20일

지은이 김숙년
펴낸이 윤은숙
편집 책임 이희원
기획 · 진행 이유진
디자인 여치 http://srladu.blog.me
사진 박건상 gunpark1@gmail.com
마케팅 석철호 나다연 옥찬미
관리 구법모, 엄철용

펴낸 곳 (주)느림보
등록일자 1997년 4월 17일
등록번호 제10-1432호
주소 경기도 파주시 회동길 198
전화 편집부 031-955-7383 마케팅 031-955-7374
팩스 031-955-7393
홈페이지 www.nurimbo.co.kr

이 책의 글과 사진의 일부 또는 전부를 재사용하려면 반드시 저작권자와 (주)느림보 양측의 동의를 얻어야 합니다.
책값은 뒤표지에 있습니다.
ISBN 978-89-5876-196-9 13590

이 도서의 국립중앙도서관 출판시도서목록(CIP)은 e-CIP 홈페이지(http://www.nl.go.kr/ecip)와
국가자료공동목록시스템(http://www.nl.go.kr/kolisnet)에서 이용하실 수 있습니다.
(CIP제어번호 : CIP2015010946)